WAS DER STALLMEISTER NOCH WUSSTE 1

Christiane Gohl

Was der Stallmeister noch wusste 1

Hausmittel, Heilmittel, Tips und Tricks

Franckh-Kosmos

Mit 10 Farbfotos von Sigrun Geveke (2), Christiane Gohl (4), Petra Kleinwegen (1) und Edgar Schöpal (3), sowie 67 Schwarzweißzeichnungen von Jeanne Kloepfer, Heidelberg.

Umschlaggestaltung von Atelier Jürgen Reichert, Stuttgart, unter Verwendung von Fotos von Elisabeth Weiland, Sigrun Geveke und Christiane Gohl.

Die Deutsche Bibliothek –
CIP-Einheitsaufnahme

Gohl, Christiane :
Was der Stallmeister noch wusste / Christiane Gohl. – Stuttgart : Franckh-Kosmos.

1. Hausmittel, Heilmittel, Tips und Tricks,
– 2. Aufl. – 1995
ISBN 3-440-07072-7

2. Auflage/1995

ISBN 3-440-07072-7
Printed in Germany / Imprimé en Allemagne
Satz: Typobauer Filmsatz, Ostfildern
Druck und Binden: Huber KG, Dießen

Was der Stallmeister noch wußte 1

Weisheit und alte Zöpfe

Das Pferd ist ein intelligentes und verständiges Thier: Die Behandlung ziele daher immer auf Belehrung und Verständniß.

Peter v. Spohr, 1886[1]

Die Zusammenstellung alter Rezepte, Tips und Tricks unter dem Titel »Was der Stallmeister noch wußte« war eine Aufgabe, an die ich mit sehr gemischten Gefühlen heranging. Einerseits gibt es viele Kenntnisse rund ums Pferd, die ich gern heraussuchen und bewahren wollte. Andererseits bemühe ich mich in allen meinen Büchern um die Kappung alter Zöpfe im Reitsport und wollte von dieser Linie auch auf keinen Fall abgehen.

Es ist eine bedenkliche Eigenheit des Menschen: Lieber erleben sie das Mißlingen ihres Vorhabens, als vor der alteingefahrenen Meinung der Mehrheit als Sonderlinge zu gelten.

Rolf Becher, 1985[2]

[1] Spohr: Gesundheitspflege der Pferde, 1886, S. 160.

[2] Becher: Freizeit im Sattel, Nr. 3/1985.

Einmal war da die überlieferungswürdige Weisheit der großen alten Reitlehrer, Stallmeister und Tierärzte. Zum anderen standen mir die in vielen Reitställen dominierenden »Pferdekenner« vor Augen, die zwar schon seit dreißig Jahren mit Pferden herumhantieren, im Grunde aber nicht mehr von ihren körperlichen und seelischen Besonderheiten und Bedürfnissen wissen als ein kleines Mädchen nach der Lektüre dreier Pferdebücher. Unter dem Deckmantel der »Tradition« oder des »Das haben wir schon immer so gemacht!« werden Pferde in dunklen Ställen gehalten, überfüttert und immer wieder schlecht geritten. Viele »Experten« haben die Kenntnis alter Zwangsmittel bewahrt, aber nicht die der Reitkunst, die sie überflüssig macht. Und so mancher Anfänger und junge Reiter steht daneben und schaut fasziniert zu . . .

Würde ein Buch wie dieses ihre blinde Autoritätsgläubigkeit nicht noch verstärken?

Wenn ich mich trotzdem an dieses Buch machte – und nach kurzer Zeit mit Feuereifer und wahrer Sammelwut bei der Sache war –, so lag das vor allem an der Resonanz, die das Projekt bei meinen Freunden und

Bekannten fand. So manchen Tip und die meisten Hinweise auf alte Bücher und Autoren erhielt ich von jungen Pferdeleuten, die die Arbeit mit ihren Pferden bewußt wieder an den Lehren der alten Meister ausrichten. Von Bereitern, Tierärzten und Heilpraktikern, die sich Zeit nehmen für den Umgang mit ihren Pferden, ihre Ausbildung und ihre Behandlung mit sanften Mitteln und Methoden. Viele Rezepte entnahm ich der Zeitschrift »Freizeit im Sattel«. Ihre Mitarbeiter und Leser sind ständig auf der Suche nach neuen und bewährten Mitteln, probieren sie aus und empfehlen sie weiter.

Und dann waren da die Worte der alten Pferdekenner selbst. Ihre immer erneute Forderung nach freundlichem, geduldigem und kenntnisreichem Umgang mit Pferden und die

Heute wie damals: »Erst das Pferd und dann der Reiter.«

manchmal verblüffend einfachen Methoden dazu. Das konnte ich meinen Lesern nicht vorenthalten.

Ich möchte an dieser Stelle allen danken, die mir bei der Informationsbeschaffung geholfen haben, und wünsche allen Lesern viel Freude und Erfolg mit den Tricks der »alten« Stallmeister und Meister im Sattel.

Dr. Christiane Gohl

... Dieser Mangel an Grundsätzen hat die traurige Folge, daß Anfänger in der Reitkunst nicht imstande sind, das Fehlerhafte von dem Vollkommenen zu unterscheiden. Sie haben kein anderes Hilfsmittel als die Nachahmung, und unglücklicherweise ist es viel leichter, sich zu einer fehlerhaften Ausübung zu wenden, als eine gute zu erlangen.

François Robichon de la Guérinière, 1730[3]

Wichtiger Hinweis für Heilkräuter

Einige der in diesem Buch genannten Heilkräuter drohen heute auszusterben. Aus Naturschutzgründen ist daher nicht nur das Sammeln von geschützten, sondern auch von manchen anderen im Rückgang begriffenen Arten in größerem Maß heute nicht mehr zu vertreten. Deshalb sind im Anhang Adressen aufgeführt, bei denen die im Buch erwähnten Kräuter und Heilpflanzen bestellt werden können.

Bei den Rezeptvorschlägen kommt es auf die richtige Dosierung der Ingredienzen an, denn Überdosierungen können zu schweren, auch tödlichen Vergiftungen führen. Deshalb sollte man Kräuter und Heilpflanzen auch immer für Kinder unzugänglich aufbewahren.

[3] Guérinière: Reitkunst oder gründliche Anweisung (Reprint 1989), S. 104.

Pferdehaltung

Wer gute Pferde hält
und will ihr recht genießen,
wird ihre Wartung wohl
fürs erst bestellen müssen.
Durch strenge Ordnung, Maß in
Arbeit, Trank und Speis',
Durch stete Reinigung von Unrath,
Staub und Schweiß.
Weil viel mehr gute Pferd'
von schlechter Wartung sterben,
als durch viel Unglücksfäll' und den
Gebrauch verderben.

Aus: Johann Cr. Pinters
Pferdeschatz, 1688

Zu Zeiten des alten Stallmeisters war nicht unbedingt alles besser. Oft standen die Pferde in Ständern oder in engen Boxen. Sie mußten hart arbeiten, mitunter sogar mit ihren Reitern in den Krieg ziehen, und wenn sie krank waren, standen dem Tierarzt längst nicht so wirksame Behandlungsmöglichkeiten zur Verfügung wie heute. Eins aber gab es damals reichlich, nämlich Stallpersonal. Durch intensive Pflege wurden viele Mängel der Haltung ausgeglichen. So galt es in alten Rennställen z.B. als selbstverständlich, das Pferd nach der Arbeit eine Stunde lang an der Hand seines Jockeys grasen zu lassen. Kavalleriepferde kamen zweimal täglich unter den Sattel und wurden fast übertrieben sauber gehalten. Zwei Stallburschen für ein Reitpferd waren keine Seltenheit.

Das heutige Freizeitpferd wird dagegen höchstens eine Stunde am Tag bewegt. Sein Besitzer mag nach seiner anstrengenden Tagesarbeit »lieber reiten als putzen«, und anstelle des täglich zweimaligen Mistentfernens im Stall wird alle paar Monate mit dem Frontlader entmistet. Wo man nicht artgerechte Haltung früher durch Intensivpflege ersetzte, arbeitet man heute mit Technik. Die Ställe werden sauber, die Pferde gefüttert – aber die Zufriedenheit und innere Ausgeglichenheit des Pferdes bleibt auf der Strecke.

Nun können wir die Zeit nicht zurückdrehen. Aber wir können immer noch im Sinne des alten Stallmeisters handeln. Und dazu empfiehlt es sich heute, nicht auf alte, sondern auf moderne Lösungen auszuweichen. So bieten durchdachte Offenstallanlagen dem Pferd die Bewegung und Beschäftigung, die wir ihm nicht mehr geben können. Kontakt mit Artgenossen, soziale Fellpflege, die Möglichkeit, sich nach Belieben zu wälzen, treten an die Stelle stundenlanger Putzanstrengungen. Und wenn es denn sein muß, so ersetzt ein Computerprogramm den Pfleger beim dreimaligen Füttern pro Tag.

Freilich müssen wir dazu gelegentlich den Fuß aus der Reithalle setzen. Wir müssen damit leben, daß das Pferd manchmal naß und schmutzig ist, wenn wir reiten wollen, daß es ein Winterfell entwickelt und dadurch in der kalten Jahreszeit mehr Arbeit macht, und vieles mehr. Aber für solche Unannehmlichkeiten hatte der alte Stallmeister einen wohlbekannten Spruch parat:

Erst das Pferd, dann der Reiter! Und das gilt unter wirklichen Pferdefreunden immer noch!

Füttern und Tränken

Futterzeiten

Pferde sollten mehrmals täglich kleine Mahlzeiten erhalten, damit der Magen ständig zu tun hat. Sie haben nämlich einen relativ kleinen Magen, den große Futtermengen schnell

Zu Zeiten des alten Stallmeisters gab es noch reichlich Personal.

Arbeit mit vollem Magen bekommt Pferden ebenso schlecht wie ihren Reitern.

überlasten. Das freilebende Pferd frißt ständig kleine Portionen und wandert dabei herum. Das hält die Verdauung »in Trab«.

Mit täglich mehrmaliger Fütterung und mehrstündigem Auslauf für die Pferde kommt man diesen natürlichen Vorgängen am nächsten und hält die Tiere gesund und ausgeglichen. Der alte Stallmeister hielt auch sehr genau auf die Einhaltung bestimmter Futterzeiten. Die Pferde warteten dann schon und wurden unruhig, wenn das Futter ausblieb. Wenn Sie Ihr Pferd allerdings häufig im Sport einsetzen, ist eine allzu starre Fixierung auf feste Futterzeiten nicht ratsam. Auf Turnieren oder Distanzritten kommt der Rhythmus unweigerlich durcheinander, und das Pferd reagiert unwillig. Besser ist hier die Gewöhnung an ungefähre Futterzeiten.

Arbeit mit vollem Magen

Sie bekommt Pferden ebenso schlecht wie ihren Reitern. Ganz nüchtern sollte ein Pferd allerdings auch nicht an die Arbeit gehen. Wenn man also morgens reiten will und die Pferde nicht ein bis zwei Stunden vorher füttern kann, ist es sinnvoll, dem Reitpferd vor dem Putzen eine halbe Portion Kraftfutter zukommen zu lassen. Auch Möhren und Äpfel werden gut vertragen. Nach dem Reiten gibt es dann ein größeres »zweites Frühstück«.

Wann ist ein Pferd zu dick?

Faustregel bei der Beurteilung des Gewichts eines Pferdes ist der Rippentest. Die Rippen sollen zu fühlen, aber nicht zu sehen sein. Bei Ponys im Winterfell ist das natürlich oft ein Problem, und so mancher Besitzer tröstet sich mit dem Argument »alles Fell« über das Übergewicht seiner Robusten hinweg. Idealerweise sollte man die Rippen der Pferde jedoch gerade noch fühlen, wenn man die flache Hand auflegt. Wenn man sie erst nach langem »Kneten« ertastet, ist das Pferd zu dick.

Während Ponyhalter meist mit der Leichtfuttrigkeit ihrer Reittiere zu

Ist Ihr Pferd zu dick?

kämpfen haben, sind Warm- und Vollblüter eher zu dünn. Bevor man ihre Rationen ins Astronomische steigert, sollte man immer eine Wurmkur vorschalten. In Reitställen hält sich beharrlich die Vorstellung, Wurmbefall sei hauptsächlich ein Problem von Weidepferden und bei Boxpferden genügten ein oder zwei Wurmkuren im Jahr. Tatsächlich infiziert sich ein Pferd aber gerade in der Enge der Box immer wieder an den von ihm selbst ausgeschiedenen Parasiten. Mindestens dreimaliges Entwurmen im Jahr ist dringend notwendig!

Auch die Zähne eines untergewichtigen Pferdes sollten gründlich untersucht werden. Besonders Boxpferden machen nicht selten Zahnhaken das Fressen zur Qual. Man beugt dieser Erscheinung vor, indem man den Pferden oft Zweige (Birke, Haselnuß, Obstbäume) zum Knabbern zur Verfügung stellt.

Jedem seine Portion

Wenn man Pferde auf der Weide oder im Laufstall mit Kraftfutter füttert, hat man immer wieder Probleme mit Futterneid. Rangniedrige Pferde werden von ranghohen vom Futter vertrieben und schauen von weitem traurig zu, wie »der Chef« sich den Bauch vollschlägt. Abhilfe schafft das gute, alte Hafersack-Prinzip. Dazu wird für jedes Pferd ein Plastikeimer so mit einem Baumwollbändchen versehen, daß man ihn dem Pferd umhängen kann. Das Bändchen wählt man dazu etwa so lang wie Nackenstück und Backenstücke eines Halfters. Das Pferd kann den Eimer nun am Boden »abstellen« und in Ruhe leerfressen und auslecken. Jagt ein Ranghöheres es fort, nimmt es sein Futter mit.

Natürlich muß man sich etwas Zeit nehmen, die Pferde an das ungewohnte »Kopfstück« zu gewöhnen, aber im allgemeinen geht das sehr schnell. Vorsichtshalber wähle man aber immer ein Bändchen, das schnell reißt, wenn das Pferd in Panik gerät und mit dem Kopf schlägt.

Haute Cuisine für Pferde

Auch Pferde speisen gern mal warm

Verdauungsregelnd, dazu ideal für ein schönes Haarkleid und besonders an naßkalten Winterabenden eine willkommene Abwechslung im Speiseplan ist eine Mash-Mahlzeit.

Dazu werden pro Pferd etwa 100 g Leinsamen 20 Minuten lang mit 1–2 l Wasser gekocht. Vorheriges Einweichen (bis zu 12 Stunden) ist sinnvoll, aber nicht zwingend notwendig. Die lange Kochzeit ist zur Zerstörung des Blausäuregehaltes in rohem Leinsamen nötig. Den Leinsamen vermischt man mit ½ bis 1 Kilo Quetschhafer und ca. 1 Pfund Weizenkleie. Evtl. kann kaltes Wasser nachgegossen werden, damit die Mischung gut durchgefeuchtet ist. Sie wird lauwarm verfüttert.

Der Hafersack war früher fester Bestandteil der Ausrüstung.

Man kann den Geschmack von Mash noch verbessern, indem man etwas Melasse zufügt oder Kräuter mitkocht (z.B. Kamille, Brennessel, Spitzwegerich). Wenn ein Pferd zur Verstopfung neigt, mischt man 1–3 Eßlöffel Glaubersalz unter das Mash.

Natürlich kann man Leinsamen auch ohne Hafer und Kleie verfüttern. Dazu kocht man ihn wie oben beschrieben und mischt ihn einfach unter das übliche Futter.

Muntermacher mit Prozenten

Viele alte Pferdekenner und Stallmeister verwöhnten ihre Pferde gern mal mit einem guten Schluck. Da gab es Hafermehlsuppe mit zwei Gläschen Kognak, Portwein in warmem Wasser oder Brot, eingeweicht in Bier, und anderes Hochprozentiges.
Zumindest Bier wird von Pferden auch ausgesprochen gern genommen, und bestimmt sagen nicht nur Trakehner gern ja zu einem süßen Schlückchen Bärenfang. Wie es allerdings mit der Verkehrstüchtigkeit von Reitern und Pferden nach Ausprobieren dieser Rezepte steht und was die Dopingregelungen der verschiedenen Verbände dazu sagen, bleibt die Frage.

Viel Steine gab's

Wenn Pferde dazu neigen, ihr Futter in sich hineinzuschlingen, besteht immer die Gefahr einer Schlundverstopfung. Der alte Stallmeister legte solchen Vielfraßen ein, zwei große Steine in die Krippe. Die Pferde mußten sie hin und her schieben, um an ihr Futter zu kommen, und fraßen dadurch langsamer. Falls das Pferd auch beim Heufressen zum Schlingen neigte, wurde das Heu mit Stroh vermischt gefüttert.

Allzu gierige Fresser verwerten ihr Futter nicht richtig oder neigen zu Koliken.

Weizenkleie

Bei fiebernden Pferden setzte der alte Stallmeister die Kraftfuttermenge auf bis zu ⅛ der gewohnten Menge herab. Dafür ergänzte er die Ration um etwa 1 Pfund Weizenkleie.

Übrigens: Leicht angefeuchtete Weizenkleie hilft gegen leichte Durchfälle, weil sie stopft. Sehr nasse Kleie führt dagegen ab. Ganz trokken sollte Weizenkleie nie verfüttert werden, denn dabei besteht vermehrte Gefahr von Schlundverstopfung.

Vorsicht bei Weizenkleie! ⚠

Sehr wichtig ist die **pferdesichere Aufbewahrung** dieses Futtermittels. Auf gar keinen Fall darf ein ausgebrochenes Pferd die Möglichkeit haben, sich am Kleiesack nach Belieben zu bedienen, denn so gesund und nützlich sie sein kann – bei überreichlichem Genuß besteht nicht nur Kolik, sondern Lebensgefahr!

Weizenkleie ist stark phosphorhaltig und führt in zu großen Mengen schnell zu Darmentzündung, Selbstvergiftung des Körpers, Durchfällen und Tod durch Colitis X.

Haarwechsel

Ein halber Liter Hirseflocken pro Tag sorgt für schnellen Haarwechsel und ein schönes Fell und kommt obendrein dem Hufwachstum zugute.

Gerste

Gerste ist in orientalischen Ländern das Hauptfuttermittel für Pferde. Dem Propheten Mohammed werden sogar die Worte »Soviel Körner Gerste du deinem Pferde gibst, so viele Sünden seien dir vergeben« zugeschrieben.

Hierzulande macht man sich im Himmel allerdings beliebter, wenn man sein Pferd mit Hafer füttert. Die hiesigen Gerstesorten sind extrem hartschalig und werden kaum verdaut, wenn man sie nicht grob geschrotet oder gekocht verfüttert. Auch in bezug auf Nährwert und Bekömmlichkeit sind andere Futtermittel eindeutig vorzuziehen.

Futterumstellung

Grünfutter (Gras) ist leichter verdaulich als Heu. Die Umstellung von Heufütterung auf Weidehaltung sollte allerdings langsam und vorsichtig erfolgen. Futterumstellung kann immer eine Kolik zur Folge haben, und zudem riskiert man bei zu rascher Gewöhnung an eiweißreiche Weiden eine Hufrehe. Am ersten Tag genügen wenige Minuten Weidegang, dann steigert man täglich um etwa eine halbe Stunde. Die Kraftfuttergaben werden dabei herabgesetzt. Die Fütterung von gekochtem Leinsamen mit viel Schleim unterstützt die Umstellung. Auch Pferde, die im Winter regelmäßig Saftfutter (Rüben, Möhren, Äpfel) erhalten haben, stellen sich leichter um.

Heuraufen

Heuraufen hängen in vielen Ställen immer noch zu hoch, nämlich über den Pferdeköpfen. Damit wird den Pferden eine Freßhaltung aufgezwungen, die sie in freier Wildbahn niemals einnehmen. Das Fressen mit durchgebogenem Rücken und hoch-

Weidegang läßt man im Frühjahr langsam angehen.

Diese Heuraufe hängt zu hoch.

So ist es richtig.

So testet man, ob das Heu trocken genug ist.

gestrecktem Hals erschwert den Speichelfluß und begünstigt zudem Senkrücken. Außerdem zwingt die hohe Raufe das Pferd, Heustaub einzuatmen. Man reicht das Heu also besser vom Boden oder bringt eine Futterkrippe ebenerdig an.

Wann ist Heu trocken?

Um zu testen, ob Heu gut getrocknet ist, nimmt man eine Handvoll davon und dreht es zu einem Strick zusammen. Dabei muß eine große Anzahl der durch die Verdrehung beanspruchten Halme brechen. Läßt das Heu sich gummiartig verdrehen, so ist es noch nicht reif zum Einfahren.

Salz im Heu

Heu wird schmackhafter, wenn man vor dem Pressen etwas Viehsalz dazwischen wirft (etwa 250 g auf 50 Kilo Heu). Das Salz soll auch Pilzbildung vermeiden und die Feuchtigkeit aufnehmen, die das Heu vielleicht noch ausschwitzt. Darauf darf man sich allerdings nie verlassen! Insbesondere zwischen schon gepreßte Heuballen geworfen, verhindert das Salz garantiert nicht, daß das Heu infolge ungenügender Trocknung schimmelt oder sich gar entzündet.

Heuallergien

Hustende Pferde – akut erkrankte ebenso wie chronische Huster – füttert man mit angefeuchtetem, idealerweise getauchtem Heu. Dem Tauchwasser kann etwas Salz beigemischt werden. Husten Heuallergiker trotzdem weiter, so dürfte die Ursache in der Stroheinstreu liegen. Am besten ist es, sie gegen Sägespäne zu tauschen und Futterstroh wie das Heu zu tauchen. Am häufigsten löst übrigens Weizenstroh solche Allergien aus, da es oft von Mehltau befallen ist. Mitunter genügt es also, von der Weizenstroheinstreu zur Hafer- oder Gerstenstroheinstreu zu wechseln.

Vielen Heuallergien kann man vorbeugen, indem man das für Pferde bestimmte Heu erst nach der Grasblüte schneidet. Auch sollte das Mähwerk nicht zu tief eingestellt werden, damit Verunreinigungen des Heus durch Erde ausbleiben. In Gegenden, in denen Grassamengewinnung betrieben wird, kann man für Pferde auch sog. »Grassamenheu« kaufen. Es wird nach der Blüte geschnitten und gedroschen. Sein Nährstoffgehalt ist zwar erheblich geringer als der von »normalem« Heu, aber das ist besonders bei der Verfütterung an Robustpferde eher ein Vorteil. Bei Warmblütern kann es durch höhere Kraftfuttergaben ausgeglichen werden.

Ein Problem bei der Verwendung von Grassamenheu ist allerdings der Zeitpunkt der Ernte. Es wird viel später geschnitten als anderes Heu und verregnet in unseren Breiten folglich leicht.

Knabberzeug

Besonders im Fellwechsel lieben Pferde das Knabbern von Rinde. Zweige von Obstbäumen schmecken am besten, aber auch Birke und Haselnuß werden gern genommen. Das Kauen an den Zweigen ist gut für die Zähne und beschäftigt die Pferde beim Stehen in der Box oder im Auslauf. Zudem versorgt es die Pferde mit ätherischen Ölen, Mineralien und Vitaminen.

Auch ausgediente Weihnachtsbäume werden von vielen Pferden gern abgeknabbert. Sorgen Sie vorher aber dafür, daß wirklich alles Lametta entfernt ist. Stehen die Pferde

Trockene Zweige – gut für die Zähne und gegen Langeweile.

Vorsicht mit Tannenbäumen! ⚠

So gern Tannen und Fichten beknabbert werden: Beim Verfüttern an tragende Stuten ist Vorsicht geboten. Das in den Nadeln enthaltene Tannin kann Fehlgeburten auslösen. Es galt bei den Hebammen des Mittelalters als probates Abtreibungsmittel.

in Sandausläufen, sollte der Baum im Stall oder auf dem Stallvorplatz angebunden werden. Die Pferde schleifen ihn sonst durch den Auslauf und nehmen dann beim Beknabbern der Äste Sand zu sich, der Koliken auslösen kann.

Appetitlosigkeit

Schlechte Fresser und abgemagerte Pferde verwöhnte der alte Stallmeister mit einer Tasse Melasse als Zusatz zu jeder Mahlzeit. Auch auf einen Löffel Honig im Futter reagieren sie meist sehr gut. Wer Angst um die Zähne seines Pferdes hat, kann aber auch einen Eßlöffel Kochsalz ans Futter geben.

In alten irischen Gestüten pflegte man dem Futter von Rennpferden im Training Guiness-Bier zuzusetzen. Wer seinem Pferd lieber keinen Alkohol ins Essen mischt, erzielt mit Malzbier (eine kleine Flasche pro Tag) dieselbe aufbauende Wirkung.

Schokolade

Sie hat auf manchen Reiter eine anregende Wirkung. Das ist kein Zufall, denn sie enthält Theobromin, eine Substanz, die in ihrer Wirkung dem Coffein ähnelt. Sie ist ungefährlich, fällt aber unter das Dopinggesetz, wenn sie nach Wettbewerben im Blut von Pferden festgestellt wird. Lassen Sie Ihr Pferd oder Pony also keinesfalls vor einem Turnier oder Distanzritt mitnaschen, wenn Ihnen der Sinn nach Süßem steht.

Erlaubt – und von vielen Pferden als ebenso anregend und erfrischend empfunden – ist dagegen ein Orangenviertel zwischendurch. Natürlich muß die Apfelsine vor dem Verfüttern geschält werden.

Lebertran

Er ist ein gesunder Zusatz zum Pferdefutter. Er verhindert durch seinen Vitamin-D-Gehalt Aufzuchtmängel bei Fohlen, sorgt dank Vitamin A für einen gesunden Hautstoffwechsel und damit ein schönes Fell und kann bei rehegefährdeten Pferden eiweißreiches Kraftfutter ersetzen. Man gibt drei Eßlöffel bis zu ¼ l täglich über das Futter. Der Lebertran wird auch von wählerischen Pferden – im Gegensatz zu den meisten Kindern – nach kurzer Gewöhnungszeit gern genommen.

Vorsicht, Zucker! ⚠

Einige alte Rezepte empfehlen, Leistungspferde auch mit Zuckerwasser zu füttern.

Grundsätzlich sollten »Süßigkeiten« – wozu natürlich auch Honig und Rübenschnitzel gehören – aber nur in kleinen Mengen auf der Pferdespeisekarte stehen. Auch bei Pferden können nämlich Karieserkrankungen vorkommen!

Verdacht auf Karies besteht immer dann, wenn ein Pferd schlecht frißt, ungern das Gebiß nimmt und beim Reiten mit dem Kopf schlägt. Die Erkrankung muß in einer Tierklinik behandelt werden.

Billiger, wenn auch vielleicht nicht so wirksam, war ein Anti-Zahnschmerz-Rezept aus dem Mittelalter. Nachdem man einen Esel geküßt habe, so hieß es, wären die Schmerzen wie weggeblasen! Es steht allerdings zu befürchten, daß Sie Ihr Pferd zu solchen Zärtlichkeiten für Grautiere nicht überreden werden.

Zucker ist auch für Pferdezähne schlecht.

Schönheit und Leistung

100 g Bierhefe/Treber pro Tag beeinflußt die Darmflora des Pferdes positiv, reguliert den Stoffwechsel und erleichtert Futterumstellungen. Es steigert die Leistungsfähigkeit und sorgt für ein schönes Fell.

Leicht verdaulich

Äpfel sind wesentlich leichter verdaulich und führen nicht so schnell zu Durchfällen, wenn sie vor dem Verfüttern kleingeschnitten und zum Braunwerden weggestellt worden sind. Außerdem werden Obst- und Möhrenmahlzeiten vom Pferdeorganismus besser verwertet, wenn sie nicht gleichzeitig mit Hafer oder anderem Kraftfutter verabreicht werden.

Birnen

Sie werden von Pferden gern gefressen, lösen aber schneller Kolik aus als beispielsweise Äpfel. Sie sind

Achtung, Aberglaube!

Entwurmung von Pferden mittels Möhrenfütterung gehört in den Bereich des Aberglaubens. Die Wurzel dieser Idee liegt darin, daß das in Möhren enthaltene Vitamin A im Pferdemagen und -darm zur explosionsartigen Vermehrung der Parasiten führt. Einige davon werden zwangsläufig mit dem Kot ausgeschieden, und der unerfahrene Pferdehalter hält eine Entwurmung für vollzogen.

Erfahrene Stallmeister hielten allerdings schon im 16. Jahrhundert nichts von dieser Methode. Alte Bücher raten zu Mischungen aus Essig, zerstoßenen Eierschalen, Pfeffer und Eisenrost. Oder man versuchte es gleich mit Magie, indem man dem Pferd des Nachts in aller Heimlichkeit ein Roßbein um den Hals hängte. Christlicher orientierte Stallmeister verließen sich dagegen eher auf den »Wurmsegen«:

Das pfert beyssen die worme. also sie synt weys, swarcz und rot: lieber herre Jhesu Crist, die worme die seint tot!

Tatsächlich können Pferde nur mittels handelsüblicher Wurmkuren entwurmt werden, und die sind heute viel schonender für den Pferdeorganismus als zu Zeiten des alten Stallmeisters. Wer sie trotzdem so selten wie möglich anwenden möchte, achtet auf äußerste Sauberkeit in Pferdestall und Auslauf und läßt seine Pferde im Sommer auf große Weiden. Auch regelmäßiges Mistabsammeln auf der Weide hält den Wurmbefall in Grenzen, denn die Wurmlarven werden mit Gras bzw. bei Boxpferden mit verunreinigtem Stroh aufgenommen. Man kann dann regelmäßig Kotproben nehmen und vom Tierarzt auf Wurmbefall untersuchen lassen.

deshalb als reguläres Saftfutter ungeeignet, aber eine Frucht als Belohnung – oder weil der Baum so einladend neben dem Auslauf steht – ist natürlich nicht schädlich.

Ausgerechnet Bananen!

Alle reden von Magnesium – als wäre das ein Wundermittel gegen Nervosität bei Pferden. Tatsächlich gibt es Pferde, die als Folge von Magnesiummangel kribbelig werden. Sie sind allerdings viel seltener, als mancher Reiter meint. Wer Magnesiummangel bei seinem Reittier vermutet, braucht auf jeden Fall keine teuren Präparate. Eine Banane pro Tag tut's auch. Sie versorgt das Pferd ausreichend mit Magnesium und so manchen anderen Vitaminen und Mineralien.

Falls die Kur beim Pferd nicht anschlägt, versuchen Sie es vielleicht beim Reiter! Wenn der ruhiger wird, färbt das meist aufs Roß ab. Einen Versuch ist es allemal wert.

So werden Brennesseln schmackhaft

Brennesseln sind sehr gesund für Pferde, werden aber auf der Weide nicht angerührt. Mäht man sie allerdings ab und läßt sie liegen, fressen die Pferde sie gern, sobald sich die Bitterstoffe verflüchtigt haben. Am besten mäht man die Brennesseln aber erst, wenn die Weide bereits etwas heruntergefressen ist. Frisches Gras schmeckt nämlich immer noch besser als angetrocknete Nesseln.

Und denken Sie daran: Das »Unkraut« ist auch Nahrungsgrundlage für Schmetterlinge!

Vorsicht, Schnittgras!

Beim Verfüttern von Schnittgras, wenn Hahnenfuß auf den Weiden steht, sollte man gewisse Vorsichtsmaßnahmen einhalten.

Die Giftpflanze wird wegen ihrer Bitterstoffe vom weidenden Pferd gemieden. Schon im angetrockneten Zustand verlieren sich aber diese Geschmacksstoffe, das Pferd frißt den Hahnenfuß mit, und die Pflanze kann Durchfall und andere Vergiftungserscheinungen auslösen. Die Giftstoffe verflüchtigen sich erst nach etwa drei Monaten. Solange sollte hahnenfußhaltiges Heu ablagern.

Übrigens meiden Pferde auf der Weide auch die Herbstzeitlose, die ebenfalls giftig ist. Ihre Giftstoffe verflüchtigen sich bei der Heutrocknung leider nicht. Also kein Heu von Wiesen verfüttern, auf denen Herbstzeitlosen vorkommen!

Disteln fördern die Milchproduktion und werden leicht angetrocknet auch gern genommen.

Disteln

Disteln fördern die Milchproduktion bei säugenden Stuten. Leider werden sie auf der Weide nicht mitgefressen und müssen dort bekämpft werden, da sie schnell überhand nehmen. Man kann aber junge Disteln ausreißen und den Pferden samt Wurzel in leicht angetrocknetem Zustand anbieten. So manches Pferd greift dann gerne zu.

Tränken

Es ist ein Vorurteil, daß abgestandenes Wasser Pferden besser bekommt als frisches. Auf keinen Fall sollte man Trinkwasser in Boxenställen länger stehenlassen und dann damit tränken. Die Ammoniakgase der Stalluft können sich darin niederschlagen und beim Pferd Verdauungs- oder Nierenstörungen verursachen.

Auch Selbsttränken sollten deshalb mindestens einmal täglich gereinigt werden.

Wintertränke

Pferde sind, was das Trinken anbelangt, noch ziemlich instinktsicher. Die meisten wissen genau, wieviel Wasser ihnen z. B. nach Anstrengungen bekommt, und überschreiten diese Menge nicht. Man braucht sich auch keine Sorgen zu machen, wenn sie im Winter Eiskrusten aufblasen oder -schlagen und das kalte Wasser darunter trinken. Besonders hochblütigen Pferden kann man aber oft eine Freude machen, indem man sie an eiskalten Tagen mit warmem

Wasser tränkt. Auch wenn das Pferd erhitzt in den Stall kommt, empfiehlt es sich, kein allzu kaltes Wasser anzubieten.

Damit es langsam trinkt, kann man etwas Heu auf die Tränke legen. Der alte Stallmeister bei der Kavallerie ließ die Pferde unter diesen Bedingungen mit Trense trinken. Daher kommt übrigens auch der Name »Wassertrense« für dieses häufig gebrauchte Gebiß. Im Gegensatz zur Kandare und verschiedenen anderen Stangenzäumungen kann das Pferd damit mühelos Wasser trinken.

Außentränken frieren im Winter nicht so leicht zu, wenn man ein Stück Holz darin schwimmen läßt. Wenn die Pferde trinken, bewegt es sich und reißt dabei eine entstehende Eisdecke auf.

Daher der Name »Wassertrense« – mit ihr ist Trinken möglich.

So frieren Außentränken nicht so schnell zu.

Teefreunde

Praktisch alle Pferde sind große Teeliebhaber. Die meisten mögen ihn über ihr Futter gegossen, aber manche schätzen ihn auch als Getränk. Natürlich sollte er dann lauwarm angeboten werden.

Neben den beim Thema »Husten« genannten Erkältungstees wirkt:

Brennesseltee entschlackend bei Lahmheiten und Rehe, in Kombination mit Ackerschachtelhalm auch lindernd bei Arthrose. Hier kann auch ein Schnapsglas voll Schwedenkräutermischung (s. S. 89) hinzugefügt werden.

Teefreunde unter sich

Schwarzer Tee (in Maßen) gegen Durchfall,

Johanniskrauttee ist beruhigend nach Aufregungen (Turnieren),

Schachtelhalmtee für gesunde Haut und gegen Ekzeme,

Hagebuttentee für einen gesunden Verdauungsapparat, Blutreinigung und Harnförderung. Hagebutten sind wegen ihres hohen Vitamin-C-Gehaltes auch ein gutes Futtermittel. Versuchen Sie also, ob Ihr Pferd sie mag, und pflücken Sie ihm welche als Leckerbissen und winterlichen Vitaminstoß.

Tee aus der **Isländischen Moosflechte** bei Freßunlust, Darmerkrankungen und für kolikanfällige Pferde. Isländisches Moos hat auch eine gute Wirkung gegen Husten.

Im allgemeinen werden die Tees mit kochendem Wasser aufgeschüttet (etwa eine Kaffeekanne voll Wasser auf eine Handvoll Teeblätter) und müssen 10 Minuten ziehen. Die Teekräuter können mitverfüttert werden.

Im Stall und auf der Weide

Gute Strohfresser haben keine Nerven!

Das war ein geflügeltes Wort bei der Kavallerie. Nervöse und schwierige Pferde erhielten eine große Futterstrohration, dafür wurden die Hafergaben gekürzt. Ob die Wirkung nun wirklich darauf beruhte, daß Stroh »dem Organismus reichlich Nährsalze liefert« (1886[4]), oder ob einfach die stundenlange Beschäftigung mit dem Rauhfutter die nervösen Pferde beruhigte, ist fraglich, in der Praxis aber unwichtig.

Oberst von Spohr empfahl in seinem Buch »Die Logik in der Reitkunst« weiterhin, zum Scheuen neigende Pferde als erstes aus »stillen, ammoniakerfüllten, womöglich noch dunkel gehaltenen Ställen«[4a] herauszuholen und ihnen viel Bewegung zu verschaffen (mindestens zwei bis drei Reitstunden am Tag).

Weide- und Offenstallhaltung war beim alten Kavalleriepferd nicht machbar. Beim modernen Freizeitpferd erfüllt sie alle Bedingungen zur Erzeugung eines scheufreien, angenehmen Pferdes.

Stallgeruch

»Der Stall riecht eben nicht nach Pferden!«[5] Wir Menschen finden den Geruch in Pferdeställen oft angenehm und anheimelnd. Wir dürfen aber nicht aus den Augen verlieren, daß es sich dabei um Ammoniakgase aus den Exkrementen der Pferde handelt und daß die Pferde selbst ihn als äußerst unangenehm empfinden. Zudem sind die Ammoniakgase schädlich für Pferdeaugen und -lungen.

Der beste und gesündeste Pferdestall ist also der, in dem es *nicht* nach Pferden riecht. Man erreicht das durch gute Belüftung und ordentliche Einstreu, und es ist auch mit Matratzenstreu zu schaffen. Dann muß aber wirklich jeden Tag ein Ballen Stroh pro Pferd in den Stall gegeben werden, damit der Urin aufgesaugt wird.

Tägliches Absammeln der Misthaufen ist auch bei Boxpferden ratsam. Offenstallpferde misten oft gar nicht in ihren Stall, nutzen Stroheinstreu aber gern zum Strahlen.

Stallgasse

»Vor dem Ausfegen der Stallgasse aber empfiehlt sich deren Besprengung mit Wasser, damit alles Aufwirbeln von Staub in die Luft vermieden wird.« (1886[6]) Diese Anweisung des alten Stallmeisters gilt heute noch, denn Pferde reagieren äußerst empfindlich auf Staubpartikel. Viele Fälle von chronischem Husten und sogar Dämpfigkeit haben darin ihre Ursache.

Im Sommer gilt die Regel übrigens auch für das Abfegen von gepflasterten Stallvorplätzen in Offenställen mit Sandauslauf.

Halsband für Pferde

Wenn Pferde sich schlecht anbinden lassen und zum Zurückziehen neigen, ist es einfacher, sie mit Hilfe eines Halsriemens zu korrigieren als mit einem Halfter. Die meisten von ihnen reagieren nämlich schon hysterisch, wenn sie leichten Druck im

[4+4a] Spohr: Die Logik der Reitkunst, (Reprint 1979), Teil 3, S. 18.

[5] Spohr: Gesundheitspflege der Pferde, 1886, S. 18.

[6] Spohr: Gesundheitspflege der Pferde, 1886, S. 25.

Keine Panik beim Anbinden!

Nacken spüren. Der Halsriemen liegt weiter unten auf dem Hals und löst diesen Reflex nicht aus.

Selbstverständlich bindet man die Pferde aber auch nicht am Halsriemen an und läßt sie toben und zerren. Die Verletzungsgefahr wäre dabei viel zu groß. Besser ist es, den Strick einmal durch den Anbindering zu ziehen und das Ende beim Putzen in der Hand zu halten. Dann kann man nach Bedarf annehmen und nachgeben, und man spürt, wenn das Pferd sich versteift und Anstalten macht zurückzuspringen. In diesem Fall touchiert man es an der Hinterhand mit einer Gerte oder einfach mit der Hand, bis es vortritt. Schon lockert sich das Seil, und die Panik verfliegt.

Mit anbindescheuen Pferden muß man diese Übung sehr oft wiederholen, bevor sie ihre Unart ablegen. Bringt man Fohlen das Angebundensein (und übrigens auch das Führenlassen) aber gleich auf diese Art bei, so geht es schnell, und man vermeidet alle Probleme.

Nicht auf die harte Tour!

Niemals hätte der alte Stallmeister seine Pfleglinge irgendwo fest angebunden und toben lassen! Für solche »Wild-West-Methoden« waren die Pferde ihm zu schade. Statt dessen verband er Halfter und Anbindestrick von »Rückziehern« und »Panikhasen« mit einem Strohbändchen. Zog das Pferd dann zurück, riß das Bändchen, und zu der negativen Erfahrung des Scheuens kam nicht auch noch der lebensgefährliche »Kampf mit dem Anbinder«.

So geht es nicht!
Ein einfaches Bändchen schafft Sicherheit.

Weideführung

Idealerweise sollte man Pferdeherden so zusammenstellen, daß die Mitglieder sich in Zweiergruppen zusammentun können. Ansonsten ist die Ausgrenzung eines Herdenmitglieds vorprogrammiert. Wenn die Herde allerdings aus Stuten besteht, unter denen nur ein Hengst oder Wallach lebt, ist die Paaraufteilung nicht so zwingend. In der Regel wird der »Pascha« sich seinen Damen gleichmäßig zuwenden. Tut er das nicht, steht meistens er außen vor.

Übrigens kann man »kontaktarmen« Pferden am leichtesten zur Integration verhelfen, indem man sie

Rechte Seite oben: Hoch angebrachte Heuraufen zwingen den Pferden eine unnatürliche Freßhaltung auf. Außerdem fällt ihnen der Heustaub in die Augen.
Unten: Aufgrund ihrer unterschiedlichen Freßgewohnheiten sind Rinder und Pferde ideale Koppelpartner und würden sich auch ohne Zaun vertragen.

Nächste Seite oben: Die beste Kneipp-Kur: fließendes Wasser. Es gibt nichts Besseres für müde Beine oder angelaufene Sehnen.
Unten: Glücklich, wer sein eigenes Heu machen und verfüttern kann!

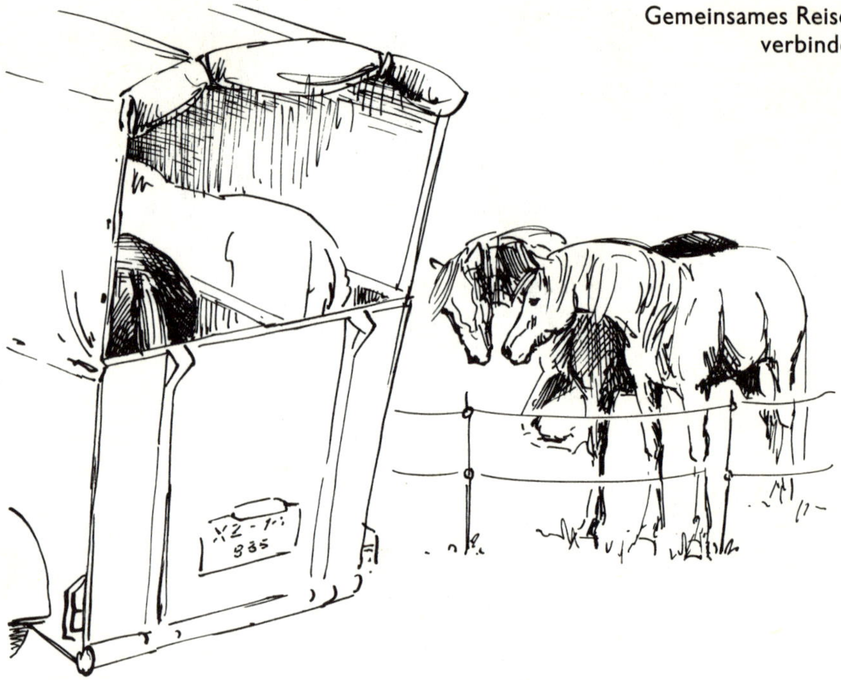

Gemeinsames Reisen verbindet.

»Auf das Dringendste zu empfehlen«

Auch wenn regelmäßiger Weidegang bei den Kavallerie- und Arbeitspferden vergangener Zeiten nicht machbar war, der alte Stallmeister hielt doch viel von Bewegung in frischer Luft:

Soweit es zu ermöglichen, ist tägliche, andauernde Bewegung in der freien Luft auf das Dringendste zu empfehlen. Sie hält das Thier gesund und giebt ihm zwar kein poliertes Seidenhaar, aber eine Haardecke, die trotz ihrer Dicke gesund aussieht und anliegend und glänzend ist.

Friedrich v. Krane, 1879[7]

[7] Krane: Anleitung zur Ausbildung der Kavallerie-Remonten (Reprint 1983), S. 253.

häufig gemeinsam mit einem ranghohen, am besten gegengeschlechtlichen Weidekameraden arbeitet. Die Tätigkeit im Gespann oder Handpferdegespann, die Teilnahme an Wanderritten mit Übernachtung in fremden Gegenden und gemeinsame Turnierfahrten schweißen ungemein zusammen.

Sicherheit vor Verbiß

Um Bäume davor zu schützen, von Pferden angenagt zu werden, pinselt man ihre Stämme in regelmäßigen Abständen mit Huffett oder Holzteer ein. Das schadet den Bäumen nicht und verdirbt den »Nagern« gründlich den Appetit.

Als Schattenspender auf der Pferdekoppel empfiehlt sich übrigens vor allem der Walnußbaum. Er wächst schnell und wird von Pferden ungern benagt. Dem Reiter liefert er zudem die Weihnachtsnüsse.

Sucht man eine verbißfreie Hecke, so bietet sich der schnellwüchsige Holunder an. Holunderhecken spenden einigen Schatten und wirken abschreckend auf Mücken.

Erste Hilfe für Bäume

Wenn es trotz aller Sicherungen doch passiert ist, und ein Baum weist Bißspuren auf, vermischen Sie als Erste Hilfe etwas Erde mit Wasser aus der Tränke zu einem Lehmbrei und streichen ihn dick auf die verletzte Stelle. Das hilft mindestens ebensogut wie der sonst empfohlene Holzteer und ist vor allem eine Aktion, die – da alles Erforderliche zur Hand ist – sofort durchgeführt werden kann, so daß der Baum nicht so viel Feuchtigkeit verliert.

Anstrich für Obstbäume – das verdirbt den Pferden den Appetit.

Schweiffresser

Wenn Fohlen oder andere Weidetiere die Schweife der anderen Pferde abknabbern, hilft es, die Schweifspitzen täglich kurz in eine Mischung aus Essigwasser mit Geschirrspülmittel zu tauchen. Wenn das nichts nützt, kann man auf eine radikalere Methode zurückgreifen, nämlich das Einreiben der Schweife mit Schweinsgalle (vom Schlachthof). Das wirkt zuverlässig, stinkt aber bestialisch!

Abgescheuerte oder abgefressene Schweife

Sie wachsen laut einem Rezept von 1575 besonders schnell nach, wenn man sie täglich mit einer Mischung aus Wasser und Kirschholzasche abwäscht. Ein Versuch kann jedenfalls nicht schaden!

Koppen und Weben

Psychologisch gesehen sind Koppen und Weben sog. »Übersprungshandlungen«. Das Pferd ist ungeduldig, aufgeregt oder einfach bewegungsbedürftig, möchte die Erregung gern in Bewegung umsetzen – und kann es nicht, weil es in der Box stehen muß oder gar angebunden ist. So entlädt sich die Spannung in der schaukelnden Bewegung des Webens. Andere Pferde beginnen aus Frust und Langeweile zu koppen – statt wie das Wildpferd immer wieder kleine Grashappen zu sich nehmen, schlucken sie Luft.

Am besten kuriert man Weber und Kopper durch Umstellung auf eine Weide oder in einen Offenstall mit viel Möglichkeit zur Bewegung und zum Kontakt mit Artgenossen. Dazu sollten sie regelmäßig gearbeitet werden, damit auf keinen Fall Langeweile aufkommt.

Weber korrigiert man mit dieser Behandlung meist leicht, aber Kopper finden anscheinend große Befriedigung in ihrer Verhaltensstörung. Sie koppen mitunter trotz idealer Haltungsbedingungen weiter. Es kommt auch vor, daß sie die Stalluntugenden schließlich nur noch zur Fütterungszeit zeigen oder wenn ihre Reiter zum Plaudern und Aufräumen noch einige Zeit im Stall verbringen.

Um das Ganze dann nicht noch zu fördern, ist es sinnvoll, die »Problempferde« als erste zu füttern oder ihnen zumindest etwas Heu zum

Feinschmecker . . .

Vor Ziegen sei gewarnt!

Ziegen im Pferdestall sollen Krankheiten auf sich ziehen und damit den Pferdebestand gesünder halten. Das ist aber leider Aberglaube, ebenso wie die Behauptung, Meerschweinchen hielten einen Stall rattenfrei.

Immerhin sorgt die Ziege im Stall für Ordnung – indem sie ganz einfach alles frißt, was nicht niet- und nagelfest ist. Sie macht dabei weder vor Ziersträuchern und Blümchen noch vor Reithandschuhen, Zigarettenkippen und Plastiktüten halt – und knabbert auch gern mal an Pferdeschweifen. Außerdem haben bisher weder alte noch moderne Stallmeister den Dreh heraus zu erkennen, ob sich ein reizendes Zicklein wirklich zu einer putzigen Zwergziege entwickeln wird, wie der Verkäufer behauptet, oder ob man in einem Jahr einem shetlandponygroßen Monster gegenübersteht.

Wenn Sie also wirklich etwas für die physische und psychische Gesunderhaltung Ihres Pferdes tun wollen: Kaufen Sie ihm ein Minipony als Gesellschafter. Dabei geht nicht einmal der Ordnungseffekt verloren: Auch Shetlandponys fressen alles!

Zeitvertreib vorzuwerfen. Damit erweist man sich zwar als »erpreßbar«, verhindert aber Schlimmeres. Weben und Koppen ist nämlich »ansteckend«. Ein ebenso gelangweiltes Pferd, das einem Kopper gegenübersteht, ahmt dessen Untugend gern nach.

Achtung, Tierquälerei!

Es gibt immer noch Pferdehalter, die meinen, Weben durch sofortige Bestrafung des Pferdes bekämpfen zu können. Dazu hängen sie dann Eisenketten oder andere Metallgegenstände, Autoreifen oder Holzpfähle in seine Box, damit es sich beim Weben daran den Kopf stößt. Als Ergebnis des Ganzen webt das Pferd zwar immer noch, ist aber zusätzlich mit den Nerven am Ende.

Ebenso sinnlos und grausam ist die Verwendung eines »Kopperriemens« beim Kopper. Das ist ein Halsriemen mit Metalleinlage, der das Pferd am Anspannen der Halsmuskulatur vor dem Luftschlucken hindern soll. Nicht nur, daß das meistens nicht klappt – es beseitigt auch nicht die Ursache, nämlich Langeweile infolge falscher Haltung und ungenügender Bewegung.

Der Kopperriemen ist keine Lösung.

Brand im Pferdestall

Wenn ein Pferdestall brennt, weigern sich viele Pferde, ihre Boxen zu verlassen. Sie kennen den Stall schließlich als einen Ort, an dem ihnen nichts passieren kann. Besser als der Versuch, sie mit Gewalt hinauszutreiben, ist, sie aufzutrensen und hinauszuführen. Das Verhaltensschema »Trense – Arbeit – Stall verlassen« bricht die Magie der Box.

Im übrigen ist die Suche nach Sicherheit in der Box kein Zeichen von Dummheit, sondern eine anerzogene Verhaltensstörung. Der natürliche Instinkt gebietet Pferden zu fliehen, nicht sich zu verkriechen. Artgerecht gehaltene Pferde verlassen denn auch sofort fluchtartig ihren Offenstall, sobald sie eine Gefahrensituation bemerken oder auch nur vermuten. Binden Sie Offenstallpferde folglich nie im Stall an, wenn sich auf dem Gelände irgend etwas tut, was sie ängstigen könnte.

Von der Richtigkeit dieser Thesen können Sie sich übrigens besonders gut in der Sylvesternacht überzeugen. Kein einziges Offenstallpferd wird die Stunde des Feuerwerks im Stall verbringen.

»Naturburschen« fühlen sich draußen sicherer als im Stall.

Ein Herz für Stallkatzen!

Nicht zur Nachahmung empfohlen, sondern nur als Kuriosum hier ein über 400 Jahre altes Schweizer Rezept gegen Augenerkrankungen beim Pferd, in dem man die verhaßten Hexentiere Katzen einer »sinnvollen« Verwendung zuführte:

Nimm ein Katzen und thu daraus was drin ist. Breu sie zu Buluer (Pulver) mit Hut (Haut) und Har (Haar) . . . und spreng des Buluers dem Pferd abends und morgens frü in die Ougen.

(Roßarzneibuch Luzern 1575)

Dreihundert Jahre später wußte der alte Stallmeister besser, was er an der treuen Stallkatze hatte. Indem die Mieze den Stall maus- und rattenrein hielt, leistete sie einen wesentlichen Beitrag zur Sauberkeit und Hygiene.

Auch heute noch ist die Stallkatze das natürlichste und wirkungsvollste Mittel gegen unliebsame Nager, die ansonsten gern Sattelzeug anfressen und Pferdefutter durch ihren Mist verunreinigen. Schon die kleinste Mieze hat einen abschreckenden Effekt. Damit sie aber wirklich heimische Mäuse in Schach hält und nicht andernorts spazierengeht, empfiehlt es sich, sie über Nacht in der Sattelkammer einzuschließen. Das sorgt zusätzlich für ihren Schutz vor schießwütigen Jägern. Damit sie sich dort nicht einsam fühlt, sollte man von vorneherein zwei Kätzchen aus einem Wurf anschaffen.

Es versteht sich natürlich von selbst, daß die Katzen gefüttert, regelmäßig entwurmt und bei Erreichen der Geschlechtsreife kastriert bzw. sterilisiert werden. Sie benötigen unsere Pflege ebenso wie die Pferde.

Pferde und Rinder – meist eine Partnerschaft ohne Probleme.

Giftige Pflanzen und Bäume

Sie sind nicht nur gefährlich, wenn sie auf der Weide stehen. Auch daraus gewonnene Produkte wie z. B. Zaunpfähle oder Sägespäne enthalten Toxine und haben in Haltungsanlagen für Pferde folglich nichts zu suchen.

Weidepflege

Mischbeweidung

Mischbeweidung durch Rinder und Pferde wirkt sich auf den Zustand von Grasland sehr positiv aus. Die beiden Tierarten ergänzen sich nämlich bei der Weidepflege: Das Pferd bevorzugt das Gras auf den Geilstellen der Rinder und umgekehrt. Eine gemeinsam begangene Weide wird folglich immer gleichmäßig abgefressen und gepflegt.

Leider lassen sich Landwirte nur selten dazu bewegen, ihre Rinder mit Pferden zusammenzustellen. Die Vorstellung, Pferde jagten Rinder herum, hält sich hartnäckig. Dabei sind nur sehr wenige Pferde unverträglich. Wenn mehrere Pferde und mehrere Rinder zusammenstehen, vermischen die Tiergruppen sich kaum. Ein Pferd und ein Rind schließen dagegen oft Freundschaft.

Falls es Ihnen nicht gelingt, einen Nachbarbauern von der Friedfertigkeit Ihrer Pferde zu überzeugen, besteht auch noch die Möglichkeit, Rinder zum Nachweiden auf die Pferdeweiden zu treiben.

Appetitverderber

Niemals darf Pferdemist als »Dünger« auf Pferdeweiden verstreut oder verteilt werden. Damit ermöglicht man nur Pferdeparasiten eine raschere Verbreitung. Außerdem verdirbt man den Pferden den Appetit, denn sie ekeln sich vor dem eigenen Kot. Ihre Weide teilen sie deshalb in Freß-Schlafbereiche und Mistbereiche ein. Auf diesen sog. »Geilstellen« grasen sie nicht.

»Geilstellen« hält man übrigens in Grenzen, indem man den Pferdemist regelmäßig von der Weide sammelt. Er wird kompostiert und kann im nächsten Jahr als fertiger Kompost aufgebracht werden.

Schafe als Weidepfleger?

Schafe fressen keineswegs alles. Zwar knabbern sie fast so gern wie Ziegen an Reithandschuhen und Zierpflanzen herum, aber in bezug auf erlaubte Futterpflanzen haben sie einen sehr ähnlichen Geschmack wie Pferde. So teilen sich die beiden Tierarten z.B. dieselben Geilstellen. An den Schlaf- und Futterstellen fressen sie ebenfalls einträchtig, aber die Schafe verbeißen die Weide noch stärker als ihre großen Freunde. Wenn Sie sie trotzdem zum Abfressen der Geilstellen bewegen wollen, müssen Sie Pferche basteln und aufstellen. Aber Vorsicht, nicht jedes Schaf läßt sich zur Aufnahme der unappetitlichen Nahrung bewegen. Die meisten treten nicht nur in den Hungerstreik, sondern geben das der Nachbarschaft auch lauthals kund! Das jämmerliche Blöken seiner Schafe hat schon so manchem Pferdehalter Feinde fürs Leben geschaffen.

Misthaufen sachgerecht anlegen

Bei der Anlage eines Komposthaufens wird der Mist nie festgetreten. Das würde die Durchlüftung verhindern. Hat man reinen Pferdemist ohne Strohbeimengung, kann es notwendig werden, dem Mist Stroh zuzufügen, damit er aufgelockert und besser durchlüftet wird.

Der Komposthaufen wird im Schatten oder Halbschatten angesetzt, sonst trocknet er im Sommer zu stark aus. Ideal ist seine Anlage auf Naturboden, aber heute wird dem Pferdebesitzer aus Wasserschutzgründen oft vorgeschrieben, ihn auf einer speziellen Plastikplane oder einer Betonplatte anzulegen.

Kompostieren – so geht's schneller!

Kompost gelingt schneller, wenn man dem Mist Lehm oder Erde im Verhältnis 1:20 zufügt. Besonders förderlich ist es, ihm auch etwas fertigen Kompost beizumengen.

Komposthaufen müssen nicht umgesetzt werden, wenn man sie mit einer Schutzschicht aus altem Stroh oder Heu abdeckt. Sie muß Luftzufuhr ermöglichen, aber Wärme und Feuchtigkeit halten.

Wenn man alles richtig macht, dauert die Kompostierung von Pferdemist etwa acht Monate.

Wenn jemand sich gestört fühlt

Ein richtig angelegter Komposthaufen bildet im allgemeinen keine Geruchsbelästigung. Wenn Sie allerdings viel Stallmist aufbringen – z.B. nach der Entfernung von Matratzenstreu –, können überempfindliche Nachbarn schon mal zwei Tage die Nase rümpfen.

Dagegen hilft ein Übergießen des Mistes mit Weinrautenlösung. 300 g frische Weinraute wird mit 5 Litern Wasser sechs bis acht Tage angesetzt. Wenn es schneller gehen soll, können Sie die Mischung auch eine Stunde auf kleiner Flamme kochen und nach dem Abkühlen direkt aufgießen.

Wann ist Kompost reif?

Zur Feststellung des Reifegrades von Kompost gibt man etwas Kompost auf eine Untertasse mit ein wenig Wasser. Da hinein sät man Kressesamen. Entwickelt die Kresse sich schnell und gesund, ist der Kompost in Ordnung.

Mit diesem Test kann man auch feststellen, ob der Kompost u.U. schadstoffbelastet ist, denn auch darauf reagiert die Kresse sensibel.

Disteln unerwünscht!

Besonders auf ausschließlich von Pferden begangenen Weiden machen sich leicht unerwünschte Pflanzen wie z.B. Disteln breit (siehe auch Seite 26). Vor dem Umpflügen und Neueinsäen stark verunkrauteter Weiden kann nur gewarnt werden. Wenn dabei nämlich die Wurzeln zerstückelt werden, keimt aus jedem Wurzelteil ein neues Pflänzchen.

Besser ist es, die Pflanzen unmittelbar vor dem Blühen auszureißen.

Dann erstickt die Wurzel möglicherweise im eigenen Saft. Ein weiterer Trick ist, die Pflanze abzuschneiden und Salz auf die Schnittfläche zu streuen. Auch dann geht sie meistens ein.

Nicht zu empfehlen ist dagegen ein Spritzen der Weide mit Unkrautvernichter. Der erwischt nämlich alle zweikeimblättrigen Pflanzen und damit auch gesunde Kräuter.

Brennesseln

Brennesselbewuchs auf der Weide hält man nur durch regelmäßiges Mähen in Grenzen. Die Pflanze verträgt es nämlich nicht, kurzgehalten zu werden. Mähen Sie stets vor der Blüte und mindestens sechsmal im Jahr (siehe auch Seite 25).

Hahnenfuß

Der giftige Hahnenfuß (siehe Seite 25) wächst vorwiegend auf nassen und stark versauerten Wiesen. Neben der Drainage der Weiden wirkt gegen ihn vor allem Kalk. Auf regelmäßig stark gekalkten Wiesen wird der Befall auf die Dauer geringer.

Maulwurfshaufen

Sie sind auf der Weide ein Grund, sich zu freuen. Die Aktivität der Tiere ist ein Beweis für intaktes Bo-

Den Umgang mit der Sense lernt jeder Pferdehalter früher oder später.

denleben und trägt zu dessen Erhalt bei, indem sie für systematische Belüftung sorgt. Auf keinen Fall sollte man also Maßnahmen zur Maulwurfsbekämpfung ergreifen. Ganz sicher wird kein Pferd sich beim Tritt in die Gänge der Winzlinge die Beine brechen! Wenn man allerdings auf der Weide Heu machen möchte, sollte man die Haufen vor dem Schneiden auseinanderharken. Ansonsten gerät Erde in die Heuballen und macht sie staubig.

Hobbygärtner können die Erde aus Maulwurfshaufen übrigens auch als Anzuchterde für junge Pflänzchen nutzen. Sie ist weitgehend frei von Krankheitserregern und Unkrautsamen, da der Maulwurf sie aus großer Tiefe holt.

Wenn Fliegen zur Plage werden, suchen Pferde gern den Stall auf.

Insektenplage

Fliegenfreie Ställe

Der Fliegenbefall im Pferdestall hält sich in Grenzen, wenn man den Stall sauber, kühl und dunkel hält. Letzteres gilt natürlich nur für Offenställe und Weidehütten. Dunkle Boxenställe sind mit und ohne Fliegen Tierquälerei.

Zusätzlich wirkt es fliegenabschreckend, wenn man eine mit Nelken gespickte Zitrone in den Stall hängt. Außerdem sollen Ställe – und Wohnungen – fliegenfrei werden, wenn man ein Schälchen Wasser mit ein paar Tropfen Nelkenöl darin aufstellt oder getrocknete Kürbiskerne verbrennt. Wegen Brandgefahr bitte nicht in geschlossenen Ställen und auch in Offenställen nur unter Beachtung aller Vorsichtsmaßnahmen ausprobieren!

Spinnweben

Spinnweben sollten auf keinen Fall dem Reinlichkeitswahn zum Opfer fallen. Spinnen sind unermüdliche Fliegenjäger und als solche schützenswert.

Im Stall ist Platz für alle, die den Fliegen »spinnefeind« sind.

Ausritt ohne Fliegen

Eine Mischung aus 50% starkem schwarzem Tee und 50% Obstessig soll Fliegen auf einem Ausritt fernhalten. Das Mittel wird entweder versprüht oder mit einem Schwamm aufgetragen.

Ein weiterer Trick ist es, ein in Eukalyptusöl getränktes Läppchen während des Ausritts am Sattel zu befestigen oder das Pferd mit einer Emul-

Vorsicht, Fliegenfänger! ⚠

Nicht empfehlenswert ist das Aufhängen von Fliegenfängern (Leimbändern) in Ställen.

Erstens reduzieren sie das Fliegenaufkommen nicht wesentlich, und zweitens sind sie eine Gefahr für eventuell aus- und einfliegende Vögel. Außerdem ist es unangenehm, wenn Pferdehaare daran festkleben.

sion nach folgendem Rezept abzureiben:
1 Tasse Eukalyptus-Badeöl,
1 Teelöffel Nelkenöl,
1 Tasse Wasser,
1 Tasse Essig.

Pferdeparfüm

Ein Schuß Obstessig im Trinkwasser macht den Körpergeruch der Pferde etwas unattraktiver für Insekten. Denselben Effekt erreicht man, indem man täglich eine Knoblauchzehe verfüttert. Das hält auf jeden Fall Zecken fern.

Obstessig kann auch äußerlich angewandt werden. Dazu wird er mit Walnußblättern aufgekocht und anschließend täglich aufs Pferd gesprüht oder gerieben. Leider ergibt sich dabei eine Verfärbung des Pferdefells. Also Vorsicht bei Schimmeln!

Und falls Sie Kürbis im Garten haben: Probieren Sie doch einmal außer Kochrezepten ein Schweizer Rezept aus dem Jahre 1814 aus, und reiben Sie die Pferde täglich mit frischen Kürbisblättern ab. Auch das soll Fliegen fernhalten.

Die Stunde der Mücken

Die besonders lästigen Kriebelmücken – Islandpferdebesitzer kennen sie als Auslöser des bekannten »Sommerekzems« – fliegen bevorzugt in der Stunde vor und in der Stunde nach Sonnenuntergang. Wer die Möglichkeit dazu hat, bringt seine Pferde um diese Zeit in den Stall.

Ätherische Öle

Der Geruch von Nelkenöl bzw. Lavendelöl oder einer Mischung von beidem hält Insekten eine Zeitlang fern. Das Öl wird mit einem Schwämmchen aufgetragen, wobei man sich auf den Kopfbereich des Pferdes beschränken kann. Natürlich darf kein Öl in die Augen oder an die Schleimhäute des Pferdes kommen.

Im Bereich der Geschlechtsorgane haben sich auch Einreibungen mit Zedernholzöl bewährt.

Insektenstiche an Euter und Schlauch

Kriebelmückenstiche am Euter der Stuten oder im Schlauchbereich bei Hengsten und Wallachen kann man mit einer Mischung aus Arnika und Essigwasser behandeln und dann dick mit Melkfett einschmieren.

Essig gegen Fliegeneier

Wenn die Dasselfliege ihre Eier am Pferd abgelegt hat, kann man die gelben »Sprenkel« mit einer Wasser-Obstessig-Mischung abwaschen. Man erwischt allerdings nie alle Larven. Deshalb keinesfalls Verzicht auf die Wurmkuren gegen Dassellarven im Oktober und Januar!

Frische Insektenstiche

Hier hilft – auch beim Reiter – die Abreibung mit dem Saft einer Zwiebel oder des Spitzwegerichs. Besonders Bienen- und Wespenstiche sprechen darauf hervorragend an.

Achtung, Aberglaube!

Der Einsatz von Kröten gegen den Stich eierablegender Insekten bei Pferden gilt als heißer Tip unter südamerikanischen Medizinmännern. Man bindet einem befallenen Pferd ein lebendes Krötentier um den Hals. Wenn es sich totgezappelt hat, soll das Pferd geheilt sein . . .

Der alte Stallmeister überließ die Insektenvertilgung da lieber freilaufenden Kröten. Was die Amphibien an Insektenlarven auffraßen, konnte ihn und seine Pferde später nicht mehr stechen. Das gilt auch heute noch, insbesondere da Kröten zu den bedrohten Tierarten gehören. Im modernen Autoverkehr haben die Tiere kaum Chancen, unbeschadet zu ihren Laichplätzen zu kommen. Tun also auch Sie zur Zeit der Krötenwanderung regelmäßig eine gute Tat, und helfen Sie einer Kröte über die Straße!

Pferdepflege und Gesundheitsvorsorge

Putzen

Wenn ein Pferd schnell »blank« geputzt werden sollte, griff der alte Stallmeister zu folgendem Trick:

Das Pferd wurde mit einer Kardätsche mit weichen Borsten geputzt, wobei man die Kardätsche aber nicht am Eisenstriegel, sondern an einem angefeuchteten Schwamm ausstrich. Anschließend erhielt das Fell mit einem weichen Baumwolltuch oder einem Stück Schaffell den letzten Schliff.

Auch das Abreiben mit einem öligen Lappen oder einem feuchten Fensterleder bringt Pferdefell schnell zum Glänzen, weil es den Schmutz an der Felloberfläche bindet.

Mistflecke am Schimmel

Der alte Stallmeister rieb sie mit Holzkohle ein. Putzte man die dann heraus, verschwand dabei auch der Mistfleck. Das Pferd muß vor der Behandlung mit Holzkohle aber unbedingt ganz trocken sein, sonst schmiert das Ganze stark. Auch bei Schimmeln im Winterfell ist die Methode mit Vorsicht zu betrachten.

Eine weitere Möglichkeit ist das Ausreiben der Mistflecke mit Spiritus, aber besonders gut für die Haut ist das natürlich nicht. Am sichersten und gesündesten bleibt das Auswaschen mit Shampoo. Es entzieht dem Pferdefell zwar seinen warmen Schmutzmantel und greift auch den natürlichen Fettschutz an, aber beim ersten Wälzen nach der Wäsche sind diese Schäden fast schon wieder behoben.

Wenn Sie Ihr Pferd waschen

Lassen Sie nie zu, daß Ihr Pferd sich wälzt, solange es noch feucht ist! Trockener Schmutz läßt sich aus dem sauberen Fell leicht herausbürsten, aber wenn frischgewaschenes Fell gleich wieder feucht-schmutzig wird, trocknet es stumpf.

Schneller trocken

Naßgeschwitzte Pferde trocknen schneller, wenn man sie nach dem Reiten in Sägemehl wälzen läßt. Das Sägemehl setzt sich im Fell fest, nimmt die Feuchtigkeit auf und wird dann abgeschüttelt. Die Methode ist sehr viel sinnvoller und unproblematischer als das oft propagierte Trokkenreiben mit Strohwischen. Letzteres ist bei natürlich gehaltenen Pferden im Winterfell eine mehrstündige Prozedur!

Kneipp-Kur für Pferde

Der alte Stallmeister hielt viel vom Abspritzen bzw. Abschwammen der Pferdebeine nach dem Reiten. Das dazu verwandte Wasser sollte idea-

Rechte Seite: Fliegen und Bremsen können Pferd und Reiter die schönsten Sommerritte vergällen. Einreibmittel verschaffen für einige Zeit Ruhe.

Wälzen gehört zur Fellpflege.

Erfrischung für die Pferdebeine

lerweise eine Temperatur von 12–15 °C haben.

Optimale Erfolge für Durchblutung und Gesundhaltung der Pferdebeine erreicht man, wenn man die Glieder anschließend mit einem Strohwisch massiert.

Pflege nach heißen Ritten

Nach langen Ritten an heißen Tagen entstehen mitunter Hitzeschwellungen unter dem Sattel. Soweit sie weder entzündlich warm noch druckempfindlich sind, sind sie harmlos und verschwinden im Laufe einiger Stunden von selbst wieder. Vermeiden kann man sie, indem man das Pferd nach dem Reiten nicht sofort absattelt, sondern es mit gelokkertem Sattelgurt stehen läßt, bis es etwas abgekühlt ist.

Nach längeren Ritten

Nach längeren Ritten sollten nicht nur Beine und Sattellage kontrolliert werden, sondern auch die empfindlichen Stellen zwischen den Pferdehinterbacken. Besonders bei schweren – und etwas rundlichen – Pferden rei-

Linke Seite: Frische Luft tut allen Pferden gut, für Huster ist sie ein absolutes Muß. Und nicht nur Isländer genießen Sonne und Schnee!

Bei heißem Wetter kommt es schneller zu Satteldruck.

Besteht Ihr Pferd den »Eimertest«?

Zur Zeit des alten Stallmeisters, als noch nicht in jedem Pferdestall ein Wasserschlauch hing, stellten alle wohlerzogenen Pferde ihre Beine bereitwillig zum Kühlen in einen Eimer Wasser.

Auch heute noch ist diese Kühlmethode sinnvoll – auch zwecks Eindämmung unnötigen Wasserverbrauchs. Üben Sie also gelegentlich mit Ihrem Pferd, vielleicht zuerst mit Eimern, von denen Sie die Henkel entfernt haben. Die Übung ist vertrauensbildend und schult die Geduld – bei Reiter und Pferd.

ben sie schnell aneinander und können dabei wund werden. Diese Stellen sollten auch beim Abspritzen des Pferdes auf keinen Fall vergessen werden. Stellt man ein Wundsein fest, werden sie nach dem Trocknen mit Schweinefett, Vaseline, Ringelblumensalbe oder einer der an anderen Stellen dieses Buches genannten Salben gegen Hautkrankheiten, Mauke und Ekzeme behandelt.

Abhärtung der Sattellage

Regelmäßige Waschungen der Sattel- oder Geschirrlage nach diesem Rezept beugen Satteldruck vor:

1 l Wasser, ½ l Essig und eine Handvoll Salz werden vermischt und nach jedem Reiten aufgetragen. Anstelle von Salz kann man auch Salmiak nehmen.

Vorbeugung gegen Gallen

Gallen sind Auswölbungen im Bereich von Gelenken. Sie entstehen durch übermäßige Produktion von Gelenkschmiere und sind meistens harmlose Schönheitsfehler. Die beste Vorbeugung gegen Gallen ist ein feuchter, aber gut ausgewrungener Umschlag, der mit Wollbandagen umwickelt wird. Er wird nach dem Reiten angebracht und bleibt mindestens vier Stunden am Pferd, idealerweise so lange, bis er getrocknet ist.

Sind bereits Gallen vorhanden, so bekämpft man sie durch ein zusätzliches Bad des Beins nach Abnehmen des Umschlags. Das Bein wird dazu einige Minuten in einen Eimer Wasser (Temperatur ca. 12–15 °C) gestellt oder gründlich abgeschwammt, anschließend trockenmassiert. Dem Massieren kommt bei der Behandlung von Gallen eine große Bedeutung zu.

Pferde beruhigen

Es gibt ein paar einfache mechanische Methoden, Pferde kurzfristig ruhigzustellen. Ihre Nutzung ist altbekannt, entbehrte aber lange Zeit jeder wissenschaftlichen Erklärung. Inzwischen hat man herausgefunden, daß einige davon an Stellen angewandt werden, die auch in der chinesischen Akupunktur- und Akupressurmedizin als Beruhigungspunkte bekannt sind.

Ohrgriff

Bei vielen Pferden bewirkt ein Griff nach einem Ohr und ein Abknicken desselben eine schnelle Beruhigung. Auch wehrige Pferde lassen sich dann leicht behandeln. Die Methode wirkt besonders gut bei Pferden, die sich ungern am Kopf anfassen lassen.

Auch mit einer Massage der Ohren erzielt man bei vielen Pferden schnelle Entspannung. »Kneten« und sanftes »Langziehen« der Ohren kann Kolikschmerzen lindern und erleichtert bei vielen Stuten die Durchführung einer Tupferprobe oder einer rektalen Trächtigkeitsuntersuchung.

So haben Sie Ihr Pferd »im Griff«.

Sanft gebremst

Die Nasenbremse, ein Holzstock mit einer Seilschlaufe an einem Ende, wird beim Pferd meist an der Oberlippe angelegt. Bei vielen ist das mechanische Hilfsmittel aber gar nicht nötig. Wenn Ihr Pferd auf die Bremse sehr stark reagiert, genügt es vielleicht, die Oberlippe mit der Hand zu umfassen und sanft zu reiben und zu »kneten«.

Falls doch eine Bremse angelegt werden muß, achten Sie darauf, daß der Tierarzt sie nicht zu fest anzieht. Beobachten Sie das Auge Ihres Pferdes. Sobald es trüb wird, setzt die Wirkung der Bremse ein. Es ist dann Unsinn, noch weiter anzuziehen. Vorsicht auch, wenn die Bremse die Luftzufuhr beeinträchtigt. Dann wird das Pferd nur vorübergehend ruhig und reagiert kurz darauf mit einem Panikanfall.

Nasenbremse – neue Erkenntnisse

Überholt ist die Vorstellung, die sog. »Nasenbremse« bewirke durch Schmerzerzeugung, daß ein Pferd sich fügt. Tatsächlich steckt Akupunktur hinter ihrer Wirkung. Der Druck auf die Oberlippe löst den Ausstoß beruhigender Stoffe im Gehirn des Pferdes aus.

Das funktioniert auch, wenn man die Seilschlaufe am Ohr des Pferdes anbringt.

Singen erwünscht

Henry Blake berichtet von einem alten Pferdemann, der korrekturbedürftige Pferde grundsätzlich erst einmal hinwarf, sich auf das liegende Pferd setzte und ein längeres Gedicht rezitierte. Davon, so schwor er, werde jedes Pferd ruhig.

Ähnliche Zähmungsmethoden sind von verschiedenen Indianerstämmen überliefert. Praktisch alle erfahrenen Reiter und Pferdehalter haben die Erfahrung gemacht, daß sich rohe oder ängstliche Pferde entspannen, wenn man etwas Rhythmisches und Gleichförmiges erzählt oder singt. Ob das wirklich eine Reaktion auf die melodische Stimme des Pflegers ist oder ob der Vortrag zunächst den Menschen entspannt und ablenkt, was sich dann auf das Pferd überträgt, ist nicht sicher. Vermutlich spielt beides zusammen.

Wer während des Putzens durch die Zähne pfeift, beruhigt im übrigen nicht nur sich und sein Pferd, sondern schützt sich auch noch gegen das Einatmen von Staub aus dem Pferdefell.

Wenden Sie die Gesangsmethode aber bitte nicht auf Vereinsausritten oder in der Reithalle an! Ihre Mitmenschen könnten weniger Musikverständnis aufbringen als Ihr Pferd!

Und noch ein Trick

Wenn man im Halsbereich des Pferdes eine Hautfalte anhebt und leichten Druck darauf ausübt, lassen sich viele Pferde auch unangenehme Behandlungen an Beinen und anderen Körperteilen gefallen.

Einfach, schmerzlos – und doch wirkungsvoll

Zucht und Fohlenaufzucht

Keine Lust zur Liebe?

Wenn eine Stute nicht rossig wurde, schickte der alte Stallmeister sie auf die Weide. Sonnenschein und die Inhaltsstoffe von frischem Gras regen die Hormone nämlich an, und unsere modernen Solarien sind nur ein schwacher Ersatz für das Flair des Frühlings. Auch Karottenzufütterung (Vitamin A) ist hilfreich.

Gelegenheit macht Liebe.

Eselsohren

In südlichen Ländern ist schon so mancher Esel dem Aberglauben zum Opfer gefallen, das heimliche Verfüttern seiner Ohren an eine Geliebte wirke wie ein Liebeszauber.

Harmloser ist da die mittelalterliche Vorstellung, eine Liebessehnsucht würde sich erfüllen, wenn man sie einem der friedlichen Grautiere ins Ohr flüstere.

Lassen Sie Ihre Pferdestute aber vorsichtshalber nicht allein mit einem Eselhengst! Falls die beiden nämlich mehr tun als flüstern, ist ein Maultier schnell gemacht. Eselstuten zögern dagegen lange, ehe sie einem Pferdeherrn ihre Gunst schenken, und nehmen auch nicht gar so rasch auf.

Das allerbeste Aphrodisiakum für Stuten ist aber immer noch die Anwesenheit eines Hengstes! Bei Bedeckungen im Freisprung auf der Weide werden über 90% aller Stuten tragend.

Überlasteten Hengsten mischte der alte Stallmeister täglich rohe Eier unter das Futter, um die Potenz zu erhalten.

Wird es ein Junge?

Es stimmt nicht, daß Hengstfohlen sich im Mutterleib mehr bewegen als Stutchen und man somit aus eifrigem Strampeln auf zu erwartenden männlichen Nachwuchs schließen kann. Beobachtet man aber, daß eine Stute sich etwa zwischen dem 3. und 5. Trächtigkeitsmonat auffällig um eine rossende Stallgefährtin bemüht und bei dieser sogar aufspringt, kann man ziemlich sicher sein, daß sie ein Hengstfohlen trägt.

Abgang von Darmpech

In den ersten Tagen nach der Geburt eines Fohlens wird das Darmpech abgegeben. Der schwarze, extrem harte Kot besteht aus vorgeburtlichen Stoffwechselprodukten. Besonders Hengstfohlen haben oft Probleme, ihn durch die von den Beckenknochen gebildete Knochenpforte hindurchzudrücken.

Der alte Stallmeister verordnete ihnen deshalb vorsichtshalber ein Abführmittel: je 150 g Muttermilch und Paraffinöl, 2 Löffel Rizinusöl. Die Mischung wird dem Fohlen mit einer Milchflasche eingegeben und erleichtert ihm das erste Misten erheblich.

Vierbeinige Lehrer

Noch heute weiß jeder, daß man ein Pferd zum Einfahren neben ein erfahrenes Lehrpferd spannt. Das alte Pferd beruhigt das junge und hilft ihm durch sein Vorbild, die Hilfen des Kutschers zu verstehen.

Bei der Kavallerie wurden die Remonten als Handpferde angelernt und zunächst nur gemeinsam mit erfahrenen Kameraden trainiert. Diese Vorbildmethode hilft übrigens auch beim Anbinden, beim ersten Verladen und selbst beim Schmied.

Besonders Hengstfohlen haben oft Probleme mit dem Darmpechabgang.

Wenn Pferde gemeinsam arbeiten, lernen sie voneinander.

Reflexe

»Der Schmied strafte das Pferd nur für die mutwilligen Bewegungen; unvermeidliche Reflexbewegungen sah er ihm nach.«

Das bemerkte der Psychoanalytiker Sandor Ferenczi, nachdem er 1912 der Zähmung eines Pferdes durch den legendären Hufschmied Joseph Ezer beigewohnt hatte.

Diese Unterscheidung in gezielte Wehrhaftigkeit und reflexbedingten Widerstand sollte sich jeder zu eigen machen, der mit Pferden arbeitet.

Insbesondere junge Pferde werden sehr häufig dafür bestraft, daß sie kitzelig und schreckhaft sind und das, was man von ihnen verlangt, körperlich und geistig noch gar nicht leisten können. Man denke da u.a. an das reflexhafte Ausschlagen bei kleinen Fohlen, gewaltsame Gewöhnung ans Angebundensein und zu frühes und zu langes Longieren in ausgebundenem Zustand.

Ungerecht erfolgte Strafen, deren Sinn das Tier nicht einsieht, verschlechtern das Klima zwischen Pferd und Reiter/Pfleger/Ausbilder und lassen die Bereitschaft zu echtem Widerstand erst heranreifen.

Konzentration

Junge Pferde haben viele Schwächen, die auch Menschenkindern eigen sind. Sie sind verspielt und bewegungsfreudig, an allem interessiert, aber konzentrationsschwach. Ein vernünftiger Ausbilder wird darauf Rücksicht nehmen und ein junges Pferd nie länger als zehn bis zwanzig Minuten am Stück arbeiten.

Das war schon den alten Meistern geläufig. Longen- und Anbindemarathons wie man sie heute immer wieder beobachten kann, kamen in den Reitschulen Guérinières und anderer nicht vor. Guérinière empfiehlt, ein Pferd nicht länger als drei oder vier Runden an der Longe laufen zu lassen, bevor man die Hand wechselt:

Hat das Pferd drei- bis viermal auf einer Hand herum gelaufen, und gehorchet, so läßt man es stillhalten und schmeichelt ihm ... Nachdem man es hat verschnauben lassen, läßt man es an der anderen Hand traben und beobachtet dabei das nämliche ... Starke und oft wiederholte Schläge bringen ein Pferd zur Verzweiflung, machen es lasterhaft, zum Feind des Menschen und der Reitbahn, und berauben es jener Zierlichkeit, die niemals wieder kommt, wenn sie einmal verloren ist. Aus demselbigen Grunde darf man es auch nicht zu lange traben lassen, denn dies ermüdet ein Pferd, und macht es verdrüßlich; vielmehr muß man es mit derselben Munterkeit, mit der es aus dem Stalle kam, wieder in denselben zurück schicken.[8]

Erstes Hufeausschneiden

Niemals dürfen Fohlen bei der ersten Hufkorrektur angebunden werden! Widersetzliche Fohlen werden in einer gut mit Stroh gepolsterten Box an die Wand gedrückt, wobei ein Helfer den Kopf hält und beruhigend auf das Tier einspricht, ein weiterer den Schweif hochhält und das Fohlen damit zwingt stehenzubleiben. Das Fohlen findet Halt an der Wand, und der Schmied kann die Hufe ausschneiden und raspeln.

Natürlich zeugt es von sehr unsachgemäßem Umgang mit Fohlen, wenn eine solche Zwangsmaßnahme nötig ist. Erfahrene Fohlenaufzüchter heben schon in den ersten Lebenstagen die Hufe des Fohlens an und gewöhnen es daran, sie zwanglos herzugeben. Wenn dann ein vertrauter Pfleger dabei ist und ein Helfer Leckerbissen reicht, verläuft das erste Ausschneiden undramatisch für Fohlen und Schmied.

[8] Guérinière: Reitkunst oder gründliche Anweisung (Reprint 1989), S. 173.

[9] Guérinière: Reitkunst oder gründliche Anweisung (Reprint 1989), S. 176.

[10] Guérinière: Reitkunst oder gründliche Anweisung (Reprint 1989), S. 182.

[11] v. Krane: Anleitung zur Ausbildung der Kavallerie-Remonten (Reprint 1983), S. 257.

Versammlung

Bei der modernen Pferdeausbildung zielt alles darauf, das junge Pferd möglichst schnell dazu zu bringen, eine dressurmäßige Haltung einzunehmen. Um das zu erreichen, wird kein Hilfszügel und keine Zangsmaßnahme gescheut. Das Ergebnis sind dann oft Pferde, die zwar den Hals rund machen, aber nichtsdestotrotz auf der Vorhand laufen und alles andere als einen eleganten und stolzen Eindruck machen. Die Altmeister der Reiterei hatten es dagegen gar nicht so eilig mit der Versammlung. So sagt Guérinière zu den ersten Trablektionen beim eben angerittenen Pferd:

Bei diesem ersten Unterricht im Trabe darf man weder den Endzweck haben, dem Pferde ein gutes Maul zu machen, noch seinen Kopf in eine stäte Stellung zu bringen. Hiermit muß man warten, bis es entbunden ist und die Leichtigkeit erlangt hat, sich ohne Mühe auf beiden Händen zu wenden.[9]

Weiter führt er aus, daß man junge Pferde *niemals zu stark zusammentreiben, noch zu stark pariren darf.*[10]

Auch andere bekannte Ausbilder und Meister der Reitkunst sprechen sich dafür aus, junge Pferde in Ruhe reifen zu lassen, sie nicht zu früh unter den Sattel zu nehmen und das Anreiten und die Dressurarbeit langsam und sorgfältig angehen zu lassen. Besonders schön drückt Friedrich von Krane diesen Gedanken aus:

Der Eskadron-Chef, der seine Remonten lieb hat, gebe ihnen vor allem Zeit.[11]

Nichts übereilen! Zu frühe Beizäumung bringt das Pferd nur auf die Vorhand.

»Die Strafen müssen vor allem gerecht sein!«

Es bleibt nicht aus, daß ein Pferd während der Ausbildung oder auch später, wenn es sich den Reiterhilfen widersetzt, gestraft wird. Nur zu häufig strafen Reiter jedoch ungerecht und unüberlegt. Dazu sagt Friedrich von Krane: *Es liegt in dem Mangel an Nachdenken und im Nichterkennen des inneren Zusammenhanges der Dinge, daß so viele Reiter bei den rohen Pferden das Verständnis von selbstgewählten Hülfen* (Hilfen, die keine Reflexe des Pferdes ausnutzen und deren Bedeutung das Tier folglich erst erlernen muß. Anm. d. Verf.) *voraussetzen und das Thier bestrafen, wenn es dieselben nicht versteht. Es liegt in der Auffassung des gemeinen Mannes die Idee, das Thier »wolle nicht verstehen«, oder »es könnte wohl, aber es sei tückisch und wolle nicht«, oder bei Streichen, Lahmgehen »es verstelle sich«. Für all diese Dinge hat er dann die Strafe zur Hand. Das Thier ist klug genug, um die Ungerechtigkeit zu erkennen. Strafen wir ein Pferd, das ermüdet ist und stolpert, welches auf dem Glatten gleitet, das, schlecht im Gleichgewicht, in die Eisen haut, oder, indem es sich streicht, lahm tritt, so versündigen wir uns gegen das Thier. Strafen wir ein Pferd, welches scheut, so wird es sich nicht nur in Zukunft vor jenem Gegenstande fürchten, sondern auch vor der Strafe, die es dort erhielt.*[12]

[12] v. Krane: Anleitung zur Ausbildung der Kavallerie-Remonten (Reprint 1983), S. 268.

Haben Sie Geduld mit Fohlen!

Das kranke Pferd

In den letzten Jahren steigt unter Reitern und Pferdehaltern das Interesse am Einsatz von Naturmedizin und alternativen Heilmethoden.

So mancher überläßt die Behandlung seines Pferdes heute nicht mehr allein dem Tierarzt, sondern befragt zusätzlich einen Heilpraktiker. Oft werden auch Hausmittel wieder ausgegraben, und man beschäftigt sich selbst mit den verschiedensten Möglichkeiten, pflanzliche Medikamente herzustellen und den Chemieeinsatz möglichst klein zu halten. Das ist natürlich sinnvoll, und die folgende Sammlung von alten Rezepten enthält sicher viele neue Anregungen. Trotzdem sei jedem geraten, vorsichtig abzuwägen, wann eine Selbstmedikation möglich ist und wann man doch lieber den Tierarzt ruft.

Naturheilkunde ist gut und schön, aber insbesondere bei akut lebensbedrohenden Krankheiten leisten Apparatemedizin und der Einsatz moderner Medikamente mitunter mehr. Lassen Sie eine Krankheit deshalb grundsätzlich von einem erfahrenen Veterinär diagnostizieren. Dann können Sie immer noch entscheiden, ob man zur Behandlung dieses Hustens oder dieser Lahmheit wirklich Cortison spritzen muß oder ob eine Kräutermischung oder ein Salzwasserumschlag es vielleicht auch tun.

Grundsätzlich müssen Sie bei einer naturmedizinischen Behandlung mit längeren Rekonvaleszenzzeiten rechnen, andererseits ist die Rückfallquote geringer. Längere Erholungszeiten wirken sich auch meist sehr positiv auf Körper und Seele des Patienten aus und können sein Verhältnis zu seinem Reiter und Besitzer wesentlich verbessern. Voraussetzung dafür ist natürlich, daß der Reiter nun nicht einfach wegbleibt, sondern die Zeit nutzt, sich mit dem kranken Tier zu beschäftigen.

Wunden

Wundreinigung

Wundreinigung geschieht am einfachsten mittels einer Kochsalzlösung (1 gehäufter Eßlöffel Kochsalz auf 1 l Wasser). Auch Angußverbände mit einer solchen Salzlösung sind sehr wirkungsvoll, denn wenn das Wasser durch die Körperwärme verdunstet, zieht das Salz Wundwasser aus der Wundumgebung in den Verband. Das verbessert die Durchblutung und schließt die Wunde.

Desinfektion

Immer wieder liest und hört man den Ratschlag, zur Desinfektion von Wunden am Pferdebein als Erste-Hilfe-Maßnahme draufzupinkeln. Diese Methode dürfte zwar nützlich sein – Harn wirkt unzweifelhaft desinfizierend –, könnte auf Dauer aber Ihren Tierarzt verprellen. Außerdem ist sie – das gibt auch der alte Stallmeister zu – für Frauen nur bedingt anwendbar.

Wundsalbe selbstgemacht

Bei Ekzemen und kleinen Wunden hilft folgende Salbe: Man kocht eine Zwiebel- und eine Fenchelknolle (kleingehackt), dazu zwei Knoblauchzehen und je eine Handvoll Salbei- und Kamillenteeblätter (aus der Apotheke) mit einem Pfund Lanolin auf und schüttet das Ganze durch ein Sieb. In noch flüssigem Zustand wird die Salbe in kleinere Gefäße abgefüllt. In fest verschlossenen Gläsern oder Dosen kann man sie sehr lange aufbewahren.

Erste Hilfe mit Melkfett

Bei kleinen Wunden, Rissen und Hautabschürfungen griff der alte Stallmeister zum Melkfett. Es macht die Haut geschmeidig und hat heilende Wirkung. Melkfett empfiehlt sich auch zum Einreiben der Maulwinkel, wenn die Haut dort im Sommer spröde wird.

Ein weiteres altes Hausmittel ist Ballistol. Man kann es praktisch bei jeder Gelegenheit verwenden, vom Insektenstich bis zum Satteldruck und natürlich zum Gewehrreinigen,

Hautfreundlich – selbstgemachte Wundsalbe

sollten Sie ein solches besitzen. Ursprünglich wurde Ballistol nämlich als Waffenöl entwickelt. Es ist jetzt noch in Läden für den Jagdbedarf zu haben, aber man bekommt es auch in den meisten Apotheken.

Ballistol empfiehlt sich auch bei Kriebelmückenbefall in Pferdeohren. Man kann die Ohren damit auswischen und so von Wundsekret und Ohrenschmalz reinigen. Außerdem wirkt der Geruch abschreckend auf Mücken.

Satteldruck

Satteldruck behandelte der alte Stallmeister mit lauwarmen Kompressen. Dazu wird eine Kompresse in ca. 18 °C warmes Wasser getaucht und mäßig ausgewrungen. Man legt sie auf die geschwollene Stelle und fixiert sie mittels eines Woilachs oder einer anderen Wolldecke, die leicht angegurtet werden kann, damit sie nicht verrutscht. Die Kompresse verbleibt 2–3 Stunden, fast bis zum Trockenwerden, auf dem Pferd und wird dann erneuert. Auch über Nacht sollte sie angelegt bleiben. Dazu wird sie etwas feuchter gehalten. Bei einem frischen, nicht offenen Satteldruck erzielt man mit dieser Behandlung mitunter »über Nacht« eine völlige Beseitigung der Schwellung.

Wenn der Reiter wund ist

Gegen einen wundgerittenen Reiterhintern empfahl der alte Stallmeister kalte Sitzbäder. Er fügte dem Badewasser Eichenrinden-Dekokt bei, was allerdings eine länger anhaltende, bräunliche Verfärbung der Haut zur Folge hatte.

Der heutige Reiter braucht das nicht mehr auf sich zu nehmen. Tannolakt-Bäder aus der Apotheke tun dieselbe Wirkung. Der alte Stallmeister empfahl ein Sitzbad von ca. 5 Minuten Dauer an zwei aufeinanderfolgenden Tagen.

Hautprobleme

Streng riechende Salbe

Wer sich vor schlechten Gerüchen nicht fürchtet und vor dem Gang zum Pferdeschlachter nicht gruselt, der sollte das folgende Salbenrezept gegen Ekzeme und Hauterkrankungen – auch Mauke – ausprobieren.

Erhitzen Sie dazu 1 Pfund Pferdefett (vom Schlachthof), und rühren Sie einen gehäuften Eßlöffel Schwefelblüte darunter. Während das Fett erkaltet, wird noch ab und zu umgerührt.

Die Salbe hat heilende Wirkung, und ihr durchdringender Geruch hält auch Fliegen zeitweise fern. Auf Ihre Freunde und Bekannten könnte er allerdings die gleiche Wirkung ausüben! Der »Duft« haftet anhaltend – nicht nur am Pferd, sondern auch an den Händen des Besitzers. Beim Auftragen also grundsätzlich Gummihandschuhe anziehen!

Mauke

Zur Vorbeugung gegen Mauke kann man Stallpferden bei winterlichen Ausritten die Fesselbeuge mit Vaseline oder Rizinusöl einreiben. Nach dem Ritt wird sie dann in trokkene Wollbandagen, evtl. mit Watteeinlage, gewickelt, bis sie trocken ist, dann eventuell noch massiert. Bei Offenstallpferden ist das unnötig, denn sie entwickeln einen kräftigen Kötenbehang, der die Fesselbeuge schützt und trockenhält.

Eine schon bestehende Mauke behandelte der alte Stallmeister mit reinem Honig oder mit einer Mischung aus Honig und Schweineschmalz. Darüber kam eine saubere, trockene Kompresse, die mit Wollbandagen fixiert wurde.

Rechte Seite: Die Beweglichkeit der Halsmuskulatur läßt sich schon vom Boden aus trainieren.

Nächste Seite: »Steigbügelküssen« nennt man diese Übung vom Sattel aus, die man am besten mit der Verabreichung von Leckerbissen erreicht.

Unterstützend bei dieser Maukebehandlung wirkte die Gabe eines leichten Abführmittels wie 100 g Glauber- oder Bittersalz. Ob zwischen hoher Eiweißfütterung und der Neigung zu Mauke Zusammenhänge bestehen oder nicht, ist bisher nicht geklärt. Der alte Stallmeister pflegte Maukepferden jedoch grundsätzlich die Kraftfutterration um mindestens die Hälfte zu kürzen und eher etwas Weizenkleie zu füttern.

Gesundheitsprobe

Im Mittelalter griff man zu einem simplen Trick, um die Gesundheit eines zum Verkauf stehenden Pferdes zu testen. Man zog einfach an einem Schweifhaar und probierte, ob es lose war. Ging es aus, wurde das Pferd nicht gekauft.

Ein gesundes Haarkleid und ein prächtiger Behang sprechen natürlich auch heute noch für eine gute Gesundheit des Pferdes. Auf die tierärztliche Ankaufsuntersuchung sollte man aber trotzdem nicht verzichten. Interessant ist, daß einige Heilpraktiker heutzutage »Schweifhaaranalysen« anbieten und aus dem Zustand der Schweifhaare auf die Gesamtgesundheit des Pferdes schließen wollen. Scharlatanerie? Oder doch Rückbesinnung auf altes Wissen?

Sonnenbrand

Sonnenbrand ist ein Problem, das der alte Stallmeister selten bei seinen Pferden erlebte. In den letzten Jahren häufen sich jedoch die Berichte von Pferdehaltern, deren Tiere an heißen Tagen Hautrötungen und Hautablösungen im Bereich von Nüstern und Blessen aufweisen. Fast immer handelt es sich dabei um Pferde mit geringer Pigmentierung im Kopfbereich, also Schimmel oder Schecken, oft mit rosa Nüstern.

Ob es am Ozonloch liegt, an häufigerem Weidegang oder einfach daran, daß Tigerschecken und Pintos heute öfter gehalten werden als früher, ist nicht geklärt. Abhilfe schafft jedenfalls regelmäßiges Einreiben der gefährdeten Kopfstellen mit Sonnencreme mit hohem Lichtschutzfaktor. Wenn's schon passiert ist, streicht man Wundsalbe auf die verbrannten Stellen, genau wie beim Menschen auch.

Die Pferde des alten Stallmeisters hatten im allgemeinen keine Zeit, sich Sonnenbädern auf der Weide hinzugeben. Sie arbeiteten auch an heißen Tagen und erlitten dabei oft einen Hitzschlag. In diesem Fall übergoß man sie mit kaltem Wasser. Zum Tränken wurde allerdings bis zum Abklingen der Symptome (Liegen, stoßartiges, heftiges Atmen) nur lauwarmes Wasser gereicht.

Räude

Räude geht auf Milbenbefall zurück. Die moderne Tiermedizin hält dagegen verschiedene Mittel für Waschungen und zum Einreiben bereit. Der alte Stallmeister arbeitete nach diesem Rezept:

Ein Pfund schwarzer Tabak wurde in 2 Maß Wasser gekocht. Mit dieser Mischung wusch man die räudebefallenen Hautstellen drei bis vier Tage lang täglich. Danach ging man zu Salbungen mit Leinöl über.

Kolik

Rezepte

Bei Kolikanfällen wird das Pferd warm eingedeckt, und man kann ihm den Unterbauch und die Ohren massieren, bis der Tierarzt eintrifft. Ist keiner zu erreichen, greift man zu einem alten Hausmittel.

Man löst 10 Aspirin-Tabletten in einer Kanne lauwarmem schwarzem Kaffee auf, füllt drei Eßlöffel Rizinusöl und ¼ l Leinöl dazu und gibt dem Pferd die Mischung ein. Dazu schüttet man die Flüssigkeit in eine Plastikflasche, schiebt diese in die Lücke zwischen Vorder- und Backenzähne und gießt schluckweise Kaffee die Kehle hinunter.

Die Beschreibung dieses Verfahrens klingt natürlich abenteuerlich, und man wird es selbstverständlich nicht anwenden, wenn eine Alternative bleibt. Es hat aber schon Hunderten von Pferden das Leben gerettet und wird von englischen und deutschen Tierärzten empfohlen.

Mit einem noch drastischeren Rezept rückten übrigens ostpreußische Stallmeister ihren Kolikern zuleibe. Sie füllten eine 0,7-l-Flasche zu je einem Drittel mit starkem Kaffee, Schnaps und Salatöl. Auch warmes Bier galt als probates Mittel gegen Bauchschmerzen.

Die Eingabe von Medikamenten mit der Flasche

Dies wurde vom alten Stallmeister regelmäßig betrieben, ist heute allerdings verpönt. Da immer wieder Unfälle mit zersplitterten Flaschenhälsen vorkamen, greift der moderne Tierarzt lieber zur Nasenschlundsonde.

In den meisten Fällen ist das unzweifelhaft richtig. Wenn Sie allerdings ein Pferd haben, das die Behandlung mit der Sonde so vehement ablehnt, daß eine Fahrt zum nächsten Zwangsstand nötig ist, oder gar eines, das in seiner Angst vor dem Tierarzt bereits Zwangsstände zertrümmert hat, sollten Sie sich gut überlegen, ob die Medikamenteneingabe mit einer Plastikflasche nicht das kleinere Risiko darstellt. Die Hängerfahrt und die Angst, möglicherweise der verzweifelte Kampf im Zwangsstand können den Kreislauf des Patienten so angreifen, daß es zum Zusammenbruch kommt.

Einläufe

Bis vor wenigen Jahren wurden Koliken auch mittels Einläufen behandelt. Dazu wurden dem Pferd 8–10 Liter warmes Wasser mittels Klistierspritze in den Enddarm gespritzt. Für die Nerven des Patienten war das sicher schonender als die heute übliche Verabreichung einer Leinöl-Wassermischung mittels Nasenschlundsonde, und eine gewisse Wirkung ist der Methode auch nicht abzusprechen. Dabei braucht man ja nicht gleich zu so drastischen Mitteln zu greifen, wie sie das Groß-Schützener Roßarzneibuch um 1700 empfahl:

»Stoß ihm venedische Saiffen (Seife) *in arsch. und ein Knollen salcz.«*

Massagen

Bis der Tierarzt eintrifft, kann man einem Koliker auf jeden Fall sanft den Unterbauch massieren, z.B. mit einem Strohwisch. Dazu reibt man mit langen, sanft drückenden, ruhigen Strichen, immer von vorn nach hinten.

Man kann ruhig mit beiden Händen arbeiten, und wenn man zu zweit ist, sollte jeder auf einer Seite des Pferdes massieren.

Feuchtwarme Packungen

Eine feuchtwarme Packung, so eine Art künstlich erzeugtes Schwitzbad, regt den Stoffwechsel an und wirkt auch beruhigend auf Koliker. Dazu wird ein Bettlaken in etwa 18 °C warmes Wasser getaucht und gut ausgewrungen. Man faltet es so, daß es den Pferderücken vom Widerrist bis zur Kruppe und über die Flanken bedeckt und an beiden Seiten gleich lang herabhängt. Darüber wird eine Wolldecke gelegt und mit zwei Deckengurten fixiert.

Solche Packungen erwärmen sich am Pferdeleib und sollten mindestens eine Stunde am Pferd bleiben.

Wälzen erlaubt

Die Lehrmeinung, einem Kolikpferd dürfe das Hinlegen und Wälzen nicht gestattet werden, ist heute längst widerlegt. Tatsächlich gibt es keine Darmverschlingung durch Wälzbewegungen, sonst wäre eine solche Erkrankung viel häufiger. Oberst von Spohr betrachtete das Wälzen der Koliker 1889 sogar als »instinktmäßige Naturhülfe«.

Fütterung von Kolikern

Man bringt die Darmflora nach einem Kolikanfall schnell wieder in Ordnung, indem man Leinsamenschleim füttert. Diese Kur ist sehr schonend und funktioniert sogar schon bei Fohlen. Wenn das Pferd sich weigert zu fressen, kann man den Leinsamenschleim mit Hilfe einer alten Wurmkurpackung eingeben. Das Einverständnis des Tierarztes muß natürlich vorher eingeholt werden.

Übrigens vertragen kranke Pferde – auch und gerade Koliker – Apfel- bzw. Möhrenmahlzeiten wesentlich besser als Hafer und anderes Kraftfutter.

Buttermilch

Wenn Pferde Probleme mit der Darmflora haben, also häufig unter Durchfällen und Koliken zu leiden haben, verschreiben Tierärzte Präparate mit Milchsäurebakterien. Denselben Effekt erzielte der alte Stallmeister mit der Gabe von Buttermilch. Einem Großpferd gibt man dazu drei Liter am Tag, zusammen mit dem Kraftfutter.

Husten

Hustentee

Ideal zur Vorbeugung gegen Atemwegserkrankungen und zur Unterstützung der Therapie bei bereits bestehenden ist dieses Hustentee-Rezept:

Die Teemischung besteht aus je 25 g Thymian, Salbei, Anis, Kamille, Malve, Huflattich, Spitzwegerich, Schafgarbe, Königskerze und Lungenkraut.

Man brüht den Tee auf (etwa eine Handvoll Kräuter auf eine Kanne Wasser), läßt ihn 10 Minuten ziehen und gießt ihn dann über das Kraftfutter der Pferde. Die Kräuter können mitverfüttert werden. Sie werden gern gefressen.

Zwiebeln gegen Husten

Vorbeugend gegen Husten und auch erkältungslindernd wirkt die Verfütterung von Zwiebeln. Eine gedünstete Zwiebel pro Tag, vermischt mit etwas Honig, dazu eine Knoblauchzehe erhalten die Gesundheit. Wenn Sie mehrere Tagesrationen auf einmal zubereiten und in Portionsdöschen (Marmeladengläser) abfüllen, ist die tägliche Verfütterung kein Problem. Die Mischung wird mit dem Kraftfutter gern aufgenommen.

Frische Luft für Huster

Hustende Pferde sollten auf keinen Fall den ganzen Tag im Stall stehen. Ruhige Bewegung tut gut und wirkt schleimlösend. Optimal ist die Unterbringung des Husters in einem Offenstall. Die Umstellung muß allerdings vorsichtig, idealerweise im Anschluß an einen sommerlichen Weideaufenthalt, erfolgen.

Kamillentee

Er wirkt beim Pferd wie beim Menschen beruhigend auf Magen und Darm, verbessert den Geschmack von Mash und ist – innerlich verabreicht – sehr gesund.

Auf keinen Fall empfehlenswert ist es jedoch, ihn zum Auswaschen der Pferdeaugen bei Bindehautentzündung oder Tränenfluß einzusetzen. Selbst noch so fein durchgesiebt, enthält er nämlich mit bloßem Auge nicht sichtbare Schwebeteilchen, die die Bindehaut zusätzlich reizen.

Fütterung vom Boden

Wenn ein Pferd unter Atemwegserkrankungen leidet, füttere man es grundsätzlich vom Boden. Unter den leichten Kieferbewegungen beim Kauen entleert sich nämlich der eventuell in den oberen Luftwegen vorhandene Schleim.

Inhalieren

Inhalieren, beispielsweise von japanischem Heilpflanzenöl oder Eukalyptusöl, hilft gegen Atemwegserkrankungen.

Ein Inhalator fürs Pferd ist mittels eines kleinen Eimers und einer Kunststoffflasche mit Schraubver-

Hustenbonbons

Fast alle Pferde lieben Hustenbonbons, z. B. solche mit Salbei oder Isländisch Moos. Gegen zuckerfreie Bonbons als gelegentliche Leckereien bei hustengefährdeten Pferden ist nichts einzuwenden.

schluß leicht gebastelt. Man versieht dazu den Boden des Eimers mit einem runden Loch im Durchmesser des Flaschenhalses und durchlöchert zudem den Schraubverschluß. Der Eimer wird mit einem Strick oder Lederriemen versehen, der ihn am Pferdekopf hält. Nun füllt man die Flasche zu einem Drittel mit warmem (auf keinen Fall heißem oder gar kochendem) Wasser und ein paar Tropfen Öl. Man steckt den Flaschenhals durch den Eimerboden, fixiert ihn dort mittels Schraubverschluß und hängt dem Pferd den Inhalator um. Nach kurzer Gewöhnungszeit wird es die Behandlung genießen, aber eben nur, wenn es sich zuvor nicht verbrüht hat.

Inhalator Marke Eigenbau

Halswickel

Halswickel können die Hustenbehandlung ebenfalls unterstützen. Dazu legt man im Kehlkopfbereich Leinensäckchen mit warmen, gestampften Kartoffeln oder Heusamen auf, polstert mit Watte ab und umwickelt mit Wollbandagen. Ein weiteres Rezept besteht darin, eine Paste aus Senf und Essig herzustellen und die Kehle des hustenden Pferdes (von außen) damit einzureiben.

Und noch ein Rezept

Bei den ersten Anzeichen von Husten begann der amerikanische Landarzt D. G. Jarvis mit der Behandlung nach folgendem Rezept:

Eine halbe Semmel wird in Obstessig eingeweicht und dann mit einem Eßlöffel Honig versehen. Ein solches Brötchen erhält das betroffene Pferd jede Stunde, also 10- bis 12mal am Tag, eine Woche lang. Anschließend kann man die Gabe auf dreimal täglich reduzieren. Das sollte drei bis vier Wochen durchgehalten werden, auch wenn der Husten relativ schnell aufhört.[13]

[13] Aus einem Leserbrief von E. Heyl, Freizeit im Sattel, 1976, Nr. 10.

Rettich, Zittwer und Hund

Rezepte gegen Pferdehusten sind seit dem Mittelalter bekannt. Meister Albrecht, kaiserlicher Marställer und Schmied, verfaßte bereits im 15. Jahrhundert ein »Roßarzneibuch«, in dem er dazu riet, dem Pferd gedörrten Rettich und Zittwerwurzel pulverisiert mit Wein einzugeben und ihm anschließend die Nüstern zuzuhalten, damit es abschnaube. Durch das Prusten würde der Eiter entleert.

Weniger nachvollziehbar für den modernen Pferdehalter ist der Ratschlag, einen Hundeschädel zu pulverisieren und das Pulver in die Nüstern des erkrankten Pferdes zu blasen. Das hat auch noch nie gewirkt.

Also lassen Sie Bello leben!

Lahmheiten

Wer rastet, rostet

Die heute übliche Praxis, lahmende Pferde zu tagelanger, völliger Boxruhe zu verdammen, ist nicht im Sinne des alten Stallmeisters. Mindestens zweimal täglich eine halbe Stunde sollte das Pferd sich frei bewegen können. Tobt es dabei sehr, so kann man es auch herumführen. Ideal ist ganztägiger Aufenthalt in Ausläufen, die Bewegung im Schritt erlauben, aber keinen besonderen Anreiz für Galoppaden liefern. Eine Ausnahme bilden natürlich Pferde, denen der Tierarzt – z. B. nach Operationen – strenge Boxruhe verordnet hat.

Umschläge – warm oder kalt?

Grundsätzlich gilt, daß man frische, sehr warme Schwellungen mit kalten Umschlägen verarztet, ältere Schwellungen bzw. Verletzungen oder Krankheiten, die eine Langzeitbehandlung benötigen, mit warmen. Die meisten kalten Umschläge sind ja ohnehin so angelegt, daß sie am Pferdebein warm werden und somit die Wärmebehandlung auf die Kältebehandlung folgt. Vorsicht vor Eiswürfeln am Pferdebein! Sie können die Durchblutung bis hin zum Absterben von Gewebe verschlechtern.

Lehmumschläge

Bei allen Entzündungen am Pferdebein griff der alte Stallmeister gern zu Lehmumschlägen oder Lehmwasserpackungen. Für die letzteren wird Lehmpulver mit Wasser und einem Schuß essigsaurer Tonerde angerührt, bis eine milchige Flüssigkeit entsteht. Damit tränkt man eine Kompresse, legt sie auf und fixiert sie mit einer Wollbandage.

Der Lehmbrei entsteht durch Vermengung von Lehmpulver mit weniger Wasser beziehungsweise mit Kräuterabsud aus Arnika, Kamille, Spitzwegerich oder Waldschachtelhalm. Er wird auf die erkrankten Stellen aufgetragen und verbleibt da, bis er antrocknet. Auch die Lehmwasserpackung bleibt mindestens 1½ Stunden, bei gut getränkter Kompresse auch über Nacht, am Bein. Man kann die Lehmpackung warm oder kalt verabreichen. Bei warmen Umschlägen immer mit Wollbandagen fixieren!

Auch eine Prießnitzpackung mit Lehmbrei ist möglich. Dazu wird zunächst der Lehmbrei aufgestrichen, darüber kommt eine Plastiktüte und danach die übliche Wollbandage.

Lehm gibt es in Lehmgruben oder Ziegeleien. Man läßt ihn in der Sonne (oder im Heizungskeller) trocknen, zerstößt ihn anschließend mittels Mörser und siebt das so entstandene Lehmpulver noch einmal durch. Wenn es möglicherweise mit Wunden in Berührung kommen könnte, sollte man es in der Backröhre bei 200 °C sterilisieren.

Dicke Sehnen

Man behandelt sie erfolgreich mit Retterspitz-Umschlägen. Eine Kompresse wird in kaltes Wasser ge-

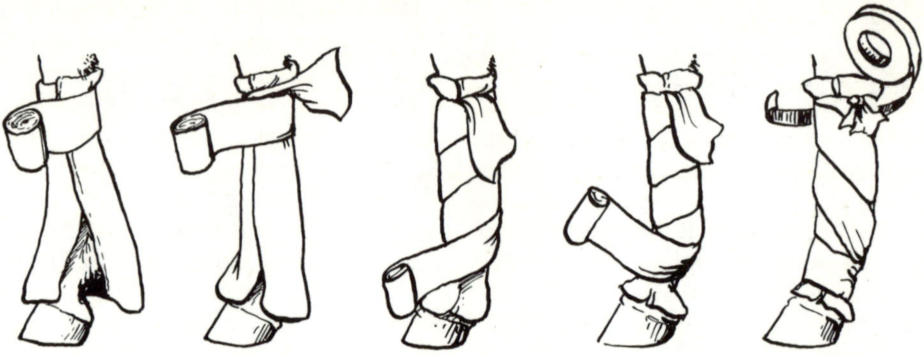

So werden Kompressen und Umschläge mit Wollbandagen befestigt.

taucht, dann in Retterspitz (aus der Apotheke) getränkt und ums Pferdebein gewickelt. Darüber kommen Wollbandagen. Die Packung bleibt etwa zwei Stunden am Pferd und wird dann erneuert. Dank seiner desinfizierenden Wirkung kann Retterspitz auch auf offene Wunden aufgetragen werden.

Solche – grundsätzlich kalten! – Retterspitz-Umschläge wirken auch sehr gut vorbeugend gegen dicke Sehnen, also z. B. nach langen Ritten oder wenn man gezwungen ist, ein Offenstallpferd in der Box übernachten zu lassen. Ein Abschwammen der Sattellage mit Retterspitz wirkt entspannend nach dem Reiten und beugt Schwellungen durch Satteldruck vor.

Hilfe bei angelaufenen Sehnen

Wasser und Essig werden zu gleichen Teilen erhitzt. Dahinein taucht man eine Kompresse und umwickelt die Beine des Pferdes. Sie wird mit einer Wollbandage fixiert. Nach zwei bis drei Stunden wechselt man diesen Verband gegen eine Packung mit kaltem Wasser, ebenfalls fixiert durch Wollbandagen. Sie kann am Pferd verbleiben, bis die Kompresse getrocknet ist.

Kühlung

Zur Behandlung frischer Sehnenschäden oder einfach als Erfrischung nach langem Ritt bietet sich eine Quarkpackung an. Dazu wird Quark auf das Bein – oder auch die Sattellage – aufgetragen und abgewaschen, sobald er trocken und hart zu werden beginnt.

Kohl für die Sehnen

Bei Sehnenscheidenentzündung oder anderen Sehnengeschichten hilft ein altes ostpreußisches Rezept. Man braucht dazu ein Weißkohlblatt, das man zunächst mit einer Nudelrolle plattwalzt. Dann umwickelt man damit das kranke Gelenk und umgibt die Kohlkompresse mit einem wasserundurchlässigen Verband – heute wählt man dazu am besten eine Plastiktüte. Fixiert wird alles mit einer Wollbandage. Der Verband bleibt mindestens zwei, bis zu drei Tage am Pferdebein, und meist ist hinterher eine deutliche Besserung erkennbar.

Übrigens ... wie die meisten hier genannten Rezepte funktioniert die Kohlblattkur auch am Reiterbein.

Salzwasser

Waschungen mit warmem Wasser, dem eine Handvoll Kochsalz oder Epsomer Bittersalz pro Eimer beigemischt wird, sind ein weiteres Mittel gegen Sehnenscheidenentzündung und andere Entzündungen am Pferdebein. Das Bein wird dazu in einen Eimer Wasser gestellt und zusätzlich mit Hilfe eines Schwammes berieselt.

Gelatine

Wenn ein Pferd im Training stark beansprucht wird bzw. wenn es gerade eine Lahmheit auskuriert, stärkt ein Eßlöffel gemahlene Gelatine täglich den Bewegungsapparat. Die Gelatine wird dem Futter beigemischt und im allgemeinen problemlos gefressen.

Hufpflege und Hufprobleme

Besser Tau als Fett

Die beste Hufpflege ist der morgendliche Tau auf der Weide. Vom übermäßigen Fetten und Teeren des Pferdehufes hielt der alte Stallmeister gar nichts. Besser ist tägliches Auswaschen der Hufe mit Wasser und einer Wurzelbürste und Haltung des Pferdes auf immer sauberer Einstreu. Steht das Pferd auf der Weide oder im Offenstall mit Auslauf und wird es oft im Gelände – und durchs Wasser – geritten, ist auch ein regelmäßiges Auswaschen der Hufe überflüssig. Tägliche Säuberung nach dem Ausritt genügt.

Wenn die Hufe trotzdem »wie gefettet« glänzen sollen, empfiehlt es sich, dem Pferd zu jeder Mahlzeit einen Eßlöffel Weizenkeimöl ins Futter zu geben.

Aufhalten beim Schmied

Wenn ein Pferd beim Schmied nicht stillsteht und man Gefahr läuft, es könne einem beim Aufhalten der Hinterhufe die Nägel durch die Hand reißen, hilft es, den Huf mit dem Pferdeschweif zu umwickeln und ihn mit seiner Hilfe hochzuhalten. Diese Methode wirkt auch sehr rückenentlastend, besonders beim Aufhalten von Ponyhufen.

Der alte Stallmeister hielt übrigens wenig vom Beschlagen ohne Aufhalter. Das ist zwar sehr praktisch für den Pferdebesitzer, aber der Schmied kann das Bein allein nie so festhalten, daß Erschütterungen des Pferdebeins durch das Einschlagen der Nägel gedämpft werden. Besonders seitliche Bewegungen durch die Hammerschläge empfindet das Pferd als unangenehm. Sie können die Ursache für größere Wehrigkeit beim nächsten Beschlag sein.

Wenn die Eisen nicht halten

Wenn ein Pferd nach dem Beschlag stets sehr schnell die Eisen verliert und überhaupt zu sprödem Hufhorn und gespaltenen Hufen neigt, kann es helfen, ihm über mehrere Monate hinweg 2 Eßlöffel Gelatinepulver pro Tag zu verabreichen (Siehe auch Seite 81).

Vernagelt

Wenn ein Pferd nach dem Hufbeschlag lahmt, ist es oft nicht so einfach herauszufinden, an welcher Stelle es vernagelt wurde.

Der alte Stallmeister feuchtete in diesem Fall den Huf an und beobachtete, um welchen Nagel herum das Hufhorn zuerst trocknete. Da wurde dann ausgeschnitten und die Wunde versorgt.

Bei schlechtem Hufwachstum

Hier sollte man den Kronenrand regelmäßig mit Lorbeeröl massieren. Mit einer alten Zahnbürste geht das leichter als mit den Fingern. Es ist zwar fraglich, ob hier wirklich das Öl oder einfach die Massage für die Wirkung verantwortlich ist, aber letztlich ist das wohl gleichgültig.

Hufgeschwüre

Hufgeschwüre, die er reifen und aufbrechen lassen wollte, behandelte der alte Stallmeister mit einer Kartoffelpackung.

Die Kartoffeln werden dazu gekocht und anschließend leicht zerstampft. Dann füllt man sie in einen Sack und bindet diesen, so warm wie möglich, um den Huf. Die Kartoffeln bringen feuchte Wärme an den Huf

Glück durch einen weißen Huf?

Vier weiße Füße
– gar nicht erst kaufen!
Drei weiße Füße
– behalt's nicht zu lange!
Zwei weiße Füße
– schenk es einem Freund!
Ein weißer Fuß
– behalt es ein Leben lang!

Diesem Spruch liegt einmal die Ansicht vieler – auch moderner – Schmiede zugrunde, daß weiße Hufe eher zu Hufkrankheiten neigen. Auch die Eisen sollen daran nicht so lange halten, wie viele Pferdebesitzer bestätigen. Warum man trotzdem ein Pferd mit einem weißen Bein und keins mit ausschließlich dunklen Hufen behalten soll, erklärt eine arabische Legende. Ihr zufolge bringen Pferde mit einem weißen Bein Glück. Vielleicht ist dieser Aberglaube schon mit den Kreuzrittern in den Westen gelangt.

Zumindest wenn der weiße Huf hinten lag, hatten die Beduinen keine Probleme mit der Neigung zum Hufeisenverlust. Sie ließen nämlich immer einen Huf unbeschlagen, weil sie meinten, das mache das Pferd trittsicherer.

So legt man einen Hufverband an:
Watte auflegen

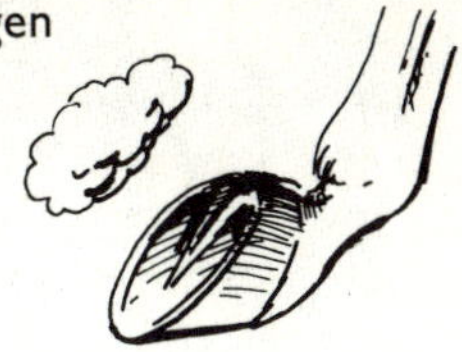

Pergament darüber (evtl. Gazebinde zusätzlich)

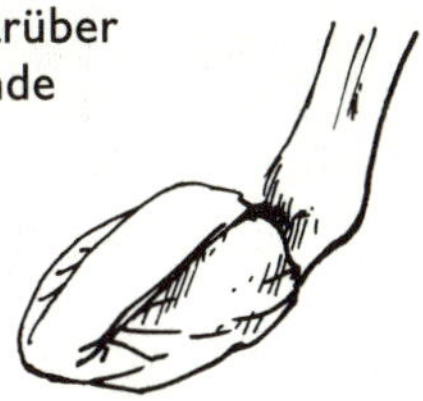

Mit Sackleinen umwickeln

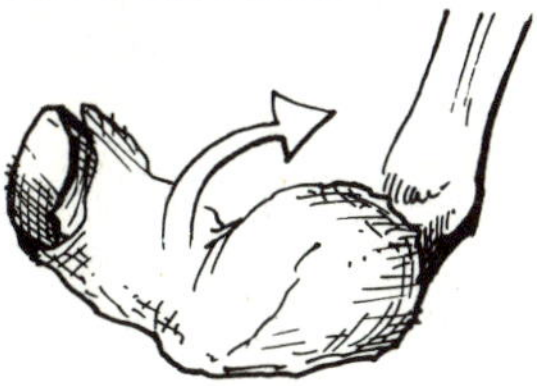

Sackleinen umschlagen

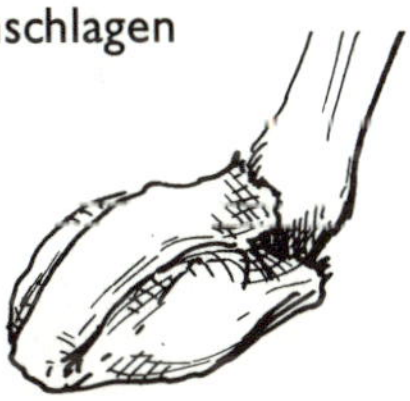

Verschnüren

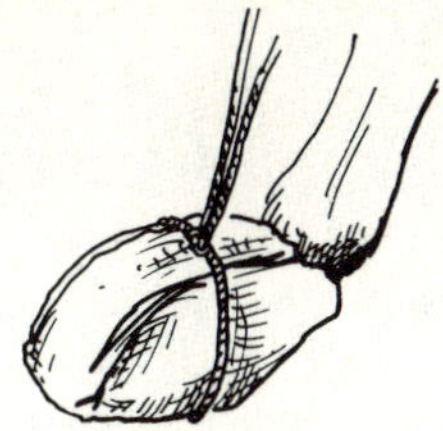

Fertiger Verband

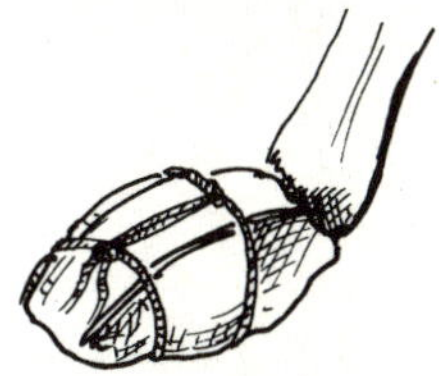

Soll der Huf zusätzlich gegen Feuchtigkeit geschützt werden, umwickelt man den fertigen Verband mit breitem Klebeband.

und lassen die Entzündung schneller reifen.

Wenn man ein Pferd hat, das gut im Eimer steht, kann man den Huf dazu aber auch gleich in warmes Wasser stellen. Auch ein Prießnitzumschlag – Huf mit feuchtem Lappen umwickeln, darüber eine Plastiktüte und darüber Wollbandagen – tut dieselbe Wirkung.

Kleieumschlag

Bei Hufgeschwüren kann auch ein Kleieumschlag Wunder wirken. Man verrührt dazu Weizenkleie mit sehr warmem Wasser zu einem dicken Brei, legt ihn auf die Hufunterseite und bindet eine Plastiktüte darum. Zum Fixieren verwendet man Jute oder Stücke einer alten Wolldecke.

Strahlfäule

Gegen Strahlfäule hilft eine Salbe aus 50% Zinkoxyd, 5% Zinkchlorid und 45% destilliertem Wasser. Man kann sie sich in der Apotheke anmischen lassen. Der Huf wird täglich zweimal damit eingerieben, in schweren Fällen trägt man die Paste auf Wattebäusche auf und drückt sie in die Strahlfurche. Besser als jede Behandlung ist aber Vorbeugung gegen Strahlfäule: Saubere Ställe und Ausläufe, Weidegang im Sommer, häufige Bewegung im Gelände und gelegentliches Einteeren der Hufunterseite.

Hilfe bei Hufrehe

Hufrehe behandelte der alte Stallmeister mittels Wechselbädern. Sie ergänzen sowohl alte veterinärmedizinische Behandlungen wie den Aderlaß als auch moderne mit Injektionen. Der Pferdehuf wird dazu abwechselnd in einen Eimer mit kaltem und warmem Wasser gestellt. Er kann im warmen ca. ¼ Stunde, im kalten eine halbe bis eine ganze verbleiben.

Feuchter Untergrund ist überhaupt gut für den Rehehuf. Die Unterbringung des Pferdes in Sand- oder Matschausläufen ist heilungs-

Wechselbäder

fördernd. Auf die Weide geschickt werden darf das Pferd allerdings nicht, denn das frische Gras begünstigt die Rehe. Heilungsfördernd bei Rehe ist immer auch Bewegung. Wenn der Zustand des Pferdes es eben erlaubt, sollte es neben der Möglichkeit zu freier Bewegung eine halbe Stunde am Tag spazierengeführt werden.

In alten Büchern liest man viel von der heilsamen Wirkung des Einstellens eines Rehepferdes in fließendes Wasser. Heute haben aber leider nur wenige Pferdebesitzer einen Bach vor der Haustür. Die oben beschriebene Behandlung mit Wechselbädern ersetzt die Fließend-Wasser-Behandlung gut.

Ungewohnte Gerüche reizen ein Pferd zum Flehmen.

Weitere Tips und Hausmittel

Wenn das Pferd etwas nicht riechen kann

Wenn man Wurmkuren oder Medikamente über das Futter verabreichen muß und das Pferd sie ablehnt, liegt das häufig an ihrem Geruch. Dem kann man abhelfen, indem man dem Pferd einen Tropfen Eukalyptusöl an die Nüstern streicht. Sein Geruchssinn ist dann vorübergehend blockiert, und mit etwas Glück wird es sein Futter aufnehmen.

Heilkräuter

Pferde lieben einen Kräuterzusatz zu ihrem Futter. Das ist selbst bei sommerlicher Weidehaltung sinnvoll, denn unsere modernen Kulturweiden sind meist nicht sehr artenreich. Einige der im folgenden genannten Kräuter kann man im Sommer sammeln und trocknen. Die anderen kauft man in der Apotheke.

Aufbauend und vitalitätssteigernd wirkt **Bockskleesamen**, täglich ca. 20 g im Futter.

Wacholderbeeren, Birkenblätter, Heidelbeerblätter und **Brennesseln** regulieren den Stoffwechsel und fördern die Nierentätigkeit. Wenn ein Pferd z.B. zu Kreuzverschlag neigt, sollte man eine Mischung davon herstellen und täglich einen Eßlöffel davon füttern.

Bei Rehe gab man früher **Eisenkraut**.

Beinwellwurzel kräftigt Sehnen und Bänder. Man kann die Wurzel ausgraben, säubern und verfüttern

Ein Rezept für alle Fälle

Es ist ein alter schlesischer Aberglaube, daß ein Pferd das ganze Jahr gesund und fett bleibt, wenn man es in der Neujahrsnacht mit selbstgestohlenem Kohl füttert.

Wenn Sie also auf Nummer Sicher gehen wollen: Der Gesundheit Ihres Pferdes ist es sicher zuträglicher, wenn Sie Silvester auf Blätterklau gehen, als wenn Sie Feuerwerkskörper auf seiner Weide abbrennen!

Aber Vorsicht: Mehr als ein oder zwei Kohlblätter pro Neujahrsnacht und Pferd können Kolik verursachen!

oder auch in getrocknetem Zustand kaufen. Auch eine Mischung aus **Beinwellwurzel (Comfrey), Eichenrinde, Eibischwurzel, Haselnußblättern** und **Enzianwurzel** trägt zur Gesunderhaltung des Bewegungsapparates bei. Sie ist besonders bei Pferden zu empfehlen, die gern Holz benagen oder Erde fressen. Die Kräuter enthalten nämlich viele Mineralien und Spurenelemente.

Im Anhang sind einige Adressen aufgelistet, über die man Heilkräuter und fertige Heilkräutermischungen beziehen kann.

Fieberthermometer sicher eingesetzt

Zumindest jeder Tierarzt hat es schon erlebt: Man steckt ein Fieberthermometer in den Pferdeafter, läßt es sekundenlang los – und schon ist es im Darm des Pferdes verschwunden. Die anschließende »Suchaktion« im Pferd ist nervenaufreibend und nicht ungefährlich.

Dabei hilft ein einfaches Präparieren des Stallthermometers gegen das Einsaugen des Fieberthermometers in den Darm. Verbinden Sie das Fieberthermometer über einen ca. 40 cm langen Bindfaden mit einer Wäscheklammer. Die Klammer wird in den Schweif geklemmt, und man braucht das Thermometer nicht mehr die ganze Zeit festzuhalten.

Hätte er sie schon gekannt, hätte der alte Stallmeister sicher nichts gegen die modernen Thermometer mit Digitalanzeige gehabt, denn sie sind handlich und strapazierfähig.

Bandagieren

Wenn man einem Pferd mit langem, üppigem Behang die Hinterbeine bandagiert, ist oft der Schweif im Weg. Beim Anlegen komplizierter Verbände kann das recht lästig sein. Die Lösung ist ein Knoten im Schweif, der nach der Behandlung wieder gelöst wird.

Rechte Seite: Eine gute Alternative zum Longieren, das die Beine unnötig belastet, ist das Handpferdereiten. Mit ein wenig Training ist es gar nicht so schwer.

Linke Seite: Bei dieser Zäumung haben auch die größten Maulartisten keine Chance, die Anzüge mit den Lippen zu erwischen und festzuhalten.

Schwedenkräuter

Diese Kräuter wirken desinfizierend bei Wunden, können – mit Wasser verdünnt – bei Schwellungen als Kompresse aufgelegt werden und haben – bei Mensch und Pferd – eine abführende und verdauungsfördernde Wirkung.

Um das Mittel zu erhalten, setzt man folgende Mischung an:

10 g Aloe, 5 g Myrrhe, 0,2 g Safran, 10 g Sennesblätter, 10 g Kampfer, 10 g Rhabarberwurzel, 10 g Zittwerwurzel, 10 g Manna, 10 g Theriak venezian, 5 g Eberwurz und 10 g Angelica mit 1½ l Doppelkorn. Man läßt die Mischung vor der Verwendung zwei bis drei Wochen ziehen.

Reiten

Reiten ist eine Kunst oder sollte es jedenfalls sein. Die moderne Dressurreiterei beruft sich dabei gern auf die Klassik, auf Xenophon, Pluvinel, Guérinière u. a., aber der Alltag sieht leider oft anders aus. Die in vielen Reitställen gezeigte Praxis hat mit Reitkunst ungefähr soviel zu tun wie »Malen nach Zahlen« mit Kunstmalerei. Sie ist vermutlich auch einer der Hauptgründe, warum sich heute so viele Menschen von dieser Art der Reiterei abwenden und nach neuen Wegen suchen.

Woran das liegt, ist nicht leicht zu erklären. Gewiß hat es eine Ursache darin, daß die alten Künstler im Sattel Berufsreiter waren und jeden Tag mehrere Stunden auf dem Pferd saßen. Sie hatten unzweifelhaft mehr reiterliche Übung als der Feierabendreiter von heute, mehr Kontakt mit dem Pferd, mehr Erfahrung – und mehr Disziplin.

Bei dem Wort »Disziplin« stöhnen Sie jetzt vermutlich auf und denken an Kasernenhofton, Schliff und den Feldwebel, der die Putzarbeit seiner Untergebenen regelmäßig mit dem weißen Handschuh kontrollierte. Darauf, da haben Sie recht, können wir heute gut verzichten. Aber Disziplin im Sinne von Geduld, Warten können, Selbstkritik, Selbstbeschränkung, die brauchen wir im Umgang mit Pferden immer noch. Und gerade hier hapert es bei vielen modernen Reitern.

Der alte Stallmeister ließ seine Pferde in Ruhe erwachsen werden, nahm sich Zeit, sie ans Gebiß zu gewöhnen, anzureiten, dressurmäßig anzulernen. Heute dagegen wird das Pferd schnell »turnierfertig gemacht«, der Hilfszügel ersetzt Reitkunst, und wenn etwas schiefgeht, sucht man die Schuld zuerst beim Pferd. Paradoxerweise nimmt sich der moderne Reiter, den keine »Dienstordnung« mehr einschränkt, für den nicht die Notwendigkeit besteht, Zeitpläne einzuhalten, und der sein Pferd ausschließlich zu seiner Freude hält, oft weniger Zeit für den vierbeinigen Partner als der Berufsreiter von damals.

Natürlich ist das nicht überall so. Aber aus dieser Situation heraus entstehen die Verhaltensprobleme, mit deren Bewältigung sich die meisten der folgenden Tips und Tricks befassen. Die Literatur, aus der sie stammen, ist im Anhang aufgeführt. Es handelt sich zum Teil um ausführliche Reitlehren, deren Lektüre jedem empfohlen sei.

»Faire le moulinet«

»Die Mühle machen« – so nannten die französischen Meister der Reitkunst ein einfaches Korrekturmittel für viele Unarten des Pferdes unter dem Reiter. Die Mühle besteht aus einer wiederholten Wendung um die Vorhand bei starker Durchbiegung des Pferdehalses. Der Kopf des Pferdes soll dabei bis zur Schulter herumgezogen werden. Dabei treibt der klassisch orientierte Reiter mit dem inneren Schenkel am Gurt oder leicht hinter dem Gurt (um zu verhindern, daß das Pferd danach beißt). In der Westernreiterei wird bei der gleichen Übung das Treiben mit dem äußeren Schenkel hinter dem Gurt favorisiert. Der innere Zügel ist dabei natürlich stark angenommen, der äußere liegt locker.

Gewöhnlich führt man die Mühle zunächst in Richtung der »weichen Seite« des Pferdes durch, denn es ist viel einfacher, bei dieser Zwangsmaßnahme seine Neigung zur Biegung zu nutzen, als einen weiteren Streit vom Zaun zu brechen. Die Maßnahme findet Anwendung nach

So sieht die »Mühle« aus.

Ein kluges Wort vom alten Meister

Allen Ausführungen dazu, wie man Schwierigkeiten beim Reiten abhilft, seien diese Worte des Oberst von Spohr vorausgeschickt:
Sodann lasse man sich nicht nur gründlich über das, was an dem betreffenden Tier zu korrigieren sei, informieren, sondern sich dasselbe auch von dem Reiter, der es bisher geritten, vorreiten. Man wird dabei oft sofort die Ursachen entdecken, welche die Widersetzlichkeit des Pferdes verschulden.[14]

dem Steigen, bei Weigerung des Pferdes vorwärtszugehen, bei Neigung durchzugehen usw.

Stallmut

Die beste Vorbeugung gegen den Stallmut ist viel Bewegung an frischer Luft. Der Kavallerist Friedrich von Krane empfahl 1879, die Reitbahn nur als Notbehelf bei schlechtestem Wetter zu gebrauchen und sonst auch schon junge, noch in der Ausbildung stehende Pferde draußen zu reiten. Zum Thema »Stallmut« sagt er folgendes:

Das junge Pferd, von Natur ein Laufthier, hat man von den 24 Stunden des Tages 23½ Stunde an die Kette gelegt. Es kommt mit dem Bedürfnis, sich zu bewegen, in die Bahn. Es achtet nicht auf den Reiter und dessen Hülfen und ergreift jede Gelegenheit zu einem Sprunge oder einer Ungezogenheit ... Bei dieser Faselei, diesem Übermuth ist keine Achtsamkeit, kein Aufmerken zu gewinnen. Man muß erst den Stallmuth besiegen, man muß die Remonten »abtraben«, man könnte ebensogut sagen »abtreiben«. Hat man in der ersten Viertelstunde den Stallmuth besiegt und kann nicht eine lange Zeit Schritt reiten, so sind die Thiere athemlos und angegriffen. Für die Dressur in der zweiten Viertelstunde sind sie in dieser Verfassung wenig geeignet.

Es wird der Stallmuth immer einen Theil der Kräfte, welche man zur Dressur hätte verwerthen können, vorweg fortnehmen.[15]

Friedrich von Krane, dem genügend Personal zur Verfügung stand, riet, die Pferde vor der Arbeit bzw. zwischen zwei Arbeitsphasen im Schritt an der Hand bewegen zu lassen oder mit Bodenarbeit zu beschäftigen. In der modernen Pferdehaltung ist ausreichend freier Auslauf sinnvoller. Er ist Körper und Seele des Pferdes sowie der folgenden Dressurarbeit unter dem Reiter erheblich zuträglicher als das häufig zu

[14] Spohr: Die Logik der Reitkunst (Reprint 1979), Teil 3, S. 44.

[15 + 16] v. Krane: Anleitung zur Ausbildung der Kavallerie-Remonten (Reprint 1983), S. 255.

Widersetzlichkeit? Oft nur Stallmut!

beobachtende Ablongieren vor dem Reiten. Das macht ein junges Pferd nämlich nicht nur müde und unlustig, sondern, wie von Krane richtig bemerkt, es ist sogar schädlich für den Bewegungsapparat:

Die Übung stärkt die Muskeln, die Übermüdung schwächt sie.[16]

Springen

Beim Einspringen oder beim Vertrautmachen eines Pferdes mit einem noch ungewohnten Hindernis lasse man es immer in seinem bevorzugten Galopp gehen. Es wird sich dem Hindernis dann freudiger nähern und sicherer springen.

»Das klebt vortrefflich!«

Die Offiziere der kaiserlichen Kavallerie trugen Hirschlederreithosen. Wenn sie nun ein Pferd zu reiten hatten, von dem sie wußten, daß es seinen Reiter gern absetzte, ließen sie sich die Hosen auf der ganzen Reitfläche anfeuchten. Das festigte die Haftung der Hose am Sattel und damit den Sitz des Reiters.

Buckeln

Wenn ein Pferd zum Buckeln neigt, reite man es zumindest zu Beginn der Reitstunde immer stark nach innen gestellt und achte darauf, daß der Hals deutlich gebogen ist. Aus einer solchen Stellung heraus kann es nicht bocken. Reitet man im Gelände, so stelle man das Pferd bei den ersten Ritten in Richtung seiner bevorzugten Seite. Später, wenn das Pferd besser durchgymnastiziert ist, kann man abwechseln.

Gute Reiter sind Diplomaten

Sowohl in der Arbeit mit dem jungen Pferd als auch bei der Korrekur des verdorbenen sollte man die Zahl der Kämpfe und Streitereien so gering wie möglich halten. Durch Bodenarbeit und Gehorsamkeitsübungen an der Hand, korrektes Reiten und Verzicht auf Hast und Überforderung beugt man ihnen vor.

Ist es aber doch einmal zum Streit gekommen – den der Reiter dann selbstverständlich für sich entscheidet –, muß man sich Zeit nehmen, ihn gründlich beizulegen, bevor man das Pferd verläßt. So sollte man es nach dem Reiten ausgiebig loben und sich noch mindestens eine Viertelstunde im Stall mit ihm beschäftigen, z.B. indem man es abreibt, putzt oder massiert und dabei freundlich mit ihm spricht.

Des Pferdes bester Freund

Oberst von Spohr, langjähriger Stallmeister und Ausbilder an der Hannoverschen Kavallerieschule, stellte 1908 folgende Grundregeln zum Umgang mit Pferden auf:

Nur wer des Pferdes bester Freund ist, wird es auch zu seinem besten Freunde machen können.
Praktisch ergeben sich dazu einige wichtige Regeln:
Beschäftige dich möglichst viel und freundlich mit deinem Pferde.
Begrüße es freundlich und scheide freundlich von ihm.
Was das Tier noch nicht leisten kann und noch nicht leicht und freudig leistet, das verlege nie an das Ende der Lehrstunde! Diese schließe stets mit sicher Gekonntem, mit freudig Geleistetem, damit Gelegenheit zu Lob und Gunstbezeugung sei!
Strafe, wenn Strafe sein muß, mit Ernst, unter Umständen mit Strenge, niemals im Zorn oder mit aufbrausender Heftigkeit! Und der Strafe folge stets die Versöhnung!
Wenn es nicht gelingt, das eigentlich Gewollte zu erreichen und der Moment des Scheidens naht, dann fordere man eine andere, der nicht erreichten möglichst nahestehende, Leistung, deren man sicher ist, um durch sie Gelegenheit zu erhalten, als Freund von dem Tier zu scheiden, mit Lob und Belohnung die Lehrstunde zu schließen.
Dulde keine unfreundliche Behandlung des Tieres von seiten anderer, am wenigsten von seinem Wärter![17]

Amazonen

Hartnäckig hält sich in konventionellen Reitställen die Vorstellung, Frauen wären ängstliche, schwache Reiterinnen. Sie brauchten besonders fügsame Pferde und würden auch die durch »Verwöhnung« verderben. Der alte Soldat und Stallmeister Oberst von Spohr äußert sich dagegen lobend zu den Reiterinnen seiner Zeit und ihrer Art des Umgangs mit verdorbenen Armeepferden:

Mehr als ein, für hochschwierig verschrieenes, Pferd sah ich von Damen reiten, die Interesse und Liebe zu dem Tier hatten, sich im Stalle und Baumgarten eingehend mit ihm beschäftigten, und die Thiere leisteten vollen und freudigen Gehorsam. 1886[18]

»Steigbügelküssen«

Jede gymnastizierende Arbeit unter dem Reiter wird durch Bodenarbeit vorbereitet und erleichtert. Um die Halsmuskulatur beweglicher und das Pferd Zügelhilfen insgesamt zugänglicher zu machen, sollte das Pferd schon vor dem Anreiten lernen, auf leichtestes Zügelzupfen den Hals so weit zu biegen, daß sich sein Kopf an der Schulter befindet.

Man erreicht eine so starke Biegung zunächst durch Locken mit Leckerbissen. Ein gleichzeitiges Massieren des oberen Drittels des Mähnenkamms kann sinnvoll sein. Später soll das Pferd die Übung bei leichtem Zügelzug nach hinten/außen ausführen, und dann auch unter dem Reiter zeigen.

So hat es sich z.B. bewährt, dem jungen Pferd nach gut ausgeführten Lektionen – z.B. artigem Anhalten – vom Sattel aus einen Leckerbissen zu reichen. Um ihn in Empfang zu nehmen, läßt man es den Hals bis zum Steigbügel des Reiters biegen. Bei der Kavallerie wurden diese und andere Biegungs- und Dehnübungen bei Remonten täglich durchgeführt. Sie gehörten zur sog. »Handarbeit im Stalle«. Unter Freizeit- und Westernreitern kennt man das Halsbiegen als »Steigbügelküssen«.

Kauen beruhigt

Wenn sich ein Pferd z.B. beim Aufsteigen des Reiters oder beim Anblick eines ungewohnten Gegenstandes versteift, ist es sinnvoll, ihm einen Leckerbissen zu reichen. Das hat nichts mit Bestechung der Sorte »Ich will dir ja alles geben, wenn du jetzt nur nicht durchgehst!« zu tun, sondern wirkt tatsächlich beruhigend. Wenn das Pferd kaut, kann es nämlich nicht gleichzeitig den Atem

[17] Spohr: Die Logik der Reitkunst (Reprint 1979), Teil 3, S. 8.

[18] Spohr: Gesundheitspflege der Pferde, 1886, S. 157.

Kuren für Faultiere

Ein Roßtäuschertrick aus dem Jahre 1435 empfiehlt, einem trägen Pferd vor dem Probereiten eine Maß Wein einzuflößen: »... *so wirt ez snell.*«

Aus derselben Zeit stammt der Ratschlag, solche Pferde mit Sporen aus einem Messer zu reiten, das man aus der Küche einer Pfarrköchin gestohlen hatte.

anhalten. Es atmet folglich tiefer und ruhiger, und mit dem Atem beruhigt sich sein Nervenkostüm.

Optimal ist es, wenn das Pferd bereits das oben beschriebene »Steigbügelküssen« auf ein Zeichen hin beherrscht. Wenn es bereitwillig den Hals biegt, um einen Leckerbissen in Empfang zu nehmen, ist die Lockerung der Muskeln schon fast erreicht.

Natürlich ist Aufregung beim Aufsteigen und Anreiten mit diesen Tricks nur dann zu beseitigen, wenn das Pferd keinen echten Grund hat, sich vor dem Reiter zu fürchten. Falls es sich mit Recht Sorgen macht, weil Reiten ständig mit harten Zügelhilfen und scharfem Training verbunden ist, muß erst die Ursache für die Angst beseitigt werden, bevor man sich der Verspannungen selbst annimmt.

Anreiten

Wenn man ein junges Pferd zum erstenmal besteigt, tut man das am besten auf tiefem Boden, z.B. auf Sandboden oder einem frisch gepflügten Acker. Das macht dem Pferd einerseits das Buckeln schwer und läßt den Reiter andererseits weich fallen, wenn das Pferd sich doch entschließt, ihn lieber nicht zu dulden.

Dieser Hinweis stammt übrigens nicht vom alten Stallmeister, sondern aus der Trickkiste der Indianer. Sie stellten das Pferd zum ersten Aufsteigen auch gern in einen Fluß oder See.

Zahnschmerzen

Wenn ein 3½jähriges Pferd ungern die Trense annimmt und darauf schlecht geht, kann das am Zahnwechsel liegen. Die Pferde wechseln in diesem Alter die Mittelzähne und die dritten Backenzähne (hintere Prämolaren). Sie leiden unter Kauschwierigkeiten und mitunter an Zahnschmerzen, die durch die Trenseneinwirkung noch verstärkt werden.

Wenn man sein Pferd in diesem Alter schon reiten will, kann man sich mit einer gebißlosen Zäumung über diese Zeit hinweghelfen. Besser ist es aber, das Pferd erst nach dem Zahnwechsel unter den Sattel zu nehmen.

Keine Dauerlösung, aber sehr nützlich im Zahnwechsel: die gebißlose Zäumung.

»Du sollst deine Pferde nicht zu frühzeitig verwenden!«

Das war das erste Gebot, das der Augsburger Tierarzt H. Weiskopf 1884 aufstellte, um den Ursachen frühzeitiger Gliedmaßenabnutzung der Pferde entgegenzuwirken. Auch dem heutigen Pferdehalter und Fohlenaufzüchter mögen seine Ausführungen nützlich sein:

Der Pferdebesitzer muß zur Erkenntniß gelangen, daß die frühzeitige Benutzung der jungen Pferde letzteren Schaden bringt; ... er ist gezwungen, mit den alten Gewohnheiten zu brechen, genöthigt die Zeit des Eintritts der Gebrauchstüchtigkeit der Pferde in's Auge zu fassen ... Er soll sich durch kleinliche, momentane Vortheile, z. B. Futter verdienen, nicht täuschen lassen, sondern sich die Frage stellen: in welchem Alter dürfen die verschiedenen Leistungen von den Pferden verlangt und zu welcher Zeit dieselben hierfür vorbereitet werden. Der Pferdehalter hat zu bedenken, daß den Pferden nur dann erst eine volle Leistung zugemu-

thet werden darf, wenn sie ihre vollkommene Ausbildung erlangt haben und im Besitze der Ersatzzähne sind, also der Zahnwechsel sein Ende erreicht hat, was allerdings erst mit Vollendung des 5. Jahres eintritt. (Jetzt sind auch die Apo- und Epiphysen der Knochen verwachsen.) Es wird zwar freilich nirgends vorkommen, daß Pferde erst in diesem Alter wirklich zur Arbeit verwendet werden. . ., nur soll mit der thatsächlichen, anstrengenden und forcirten Benutzung bis zur Vollendung des Wachsthums der Pferde gewartet, dieselben bis dahin immer noch geschont werden. Wenn diese Vorschrift eingehalten wird, so lassen sich große Vortheile erreichen, indem die Pferde frisch bleiben und ohne besondere Knochen- und Sehnen-Leiden bis in's hohe Alter Dienste leisten können. Solchen Pferden sieht man gewöhnlich das Alter gar nicht an. Gerade die Zeit vom 3.–4. Jahre ist für die spätere Tauglichkeit und Leistungsfähigkeit von der größten Wichtigkeit . . . Beim Militär weiß man dies gehörig zu würdigen; man kauft deßwegen dort die Pferde mit 3 Jahren ein, schickt sie noch ein Jahr auf den Fohlenhof . . . und erhält sie frisch zum Dienste. [19]

Auch in François Robichon de la Guérinière, Altmeister der Reitkunst, hatten die jungen Pferde einen Fürsprecher:

Noch aus einer anderen Ursache entstehen diese Fehler (Widersetzlichkeit, Bewegungsunlust, Anm. d. Verf.). *Man reitet die Pferde zu jung; die Arbeit, die man von ihnen verlangt, übersteigt das Maß ihrer Kräfte . . . Das wahre Alter, ein Pferd abzurichten, ist zufolge des Klimas, unter welchem es gebohren ist, sechs, sieben bis acht Jahre.*[20]

Angst wegatmen

Pferde spüren es, wenn ein Reiter oder Pfleger sich fürchtet. Unter anderem bemerken sie das durch die Art unserer Atmung, denn sie nehmen Luftvibrationen sehr genau wahr. Wenn wir also kurz und flach aus dem Brustkorb heraus atmen, registriert das Pferd das und deutet es richtig als Furcht.

Versuchen Sie im Umgang mit nervösen Pferden grundsätzlich tief, ruhig und aus dem Bauch heraus zu atmen. Sie werden merken, daß das nicht nur das Pferd, sondern auch Sie selbst beruhigt.

Übrigens kann es verspannte Pferde zum Abschnauben und Entspannen bringen, wenn Sie ihnen praktisch »voratmen«. Atmen Sie tief ein, und stoßen Sie die Luft mit einem »erleichterten« Stöhnen aus. Besonders wenn das Pferd schon vom Boden aus Vertrauen zu Ihnen gefaßt hat, wird es sich deutlich strecken und entspannen. Natürlich funktioniert dieser Trick nur, wenn auch Sie bereit sind, sich – und die Zügel! – zu lockern und dem Pferd zu vertrauen.

[19] H. Weiskopf: Gekrönte Preisschrift: Die zehn Gebote des Pferdebesitzers, 1884, hier zitiert nach einer Arbeit von H. Hartig, abgedruckt in Freizeit im Sattel, 1976, Nr. 5.

[20] Guérinière: Reitkunst oder gründliche Anweisung (Reprint 1989), S. 113/4.

Hilfszügel

Die Altmeister der Reitkunst waren durchweg Gegner der Verwendung von Hilfszügeln. Mit Recht gingen sie davon aus, daß Schlauf- und Stoßzügel die Versammlung des Pferdes nicht fördern, sondern die damit gequälten Tiere eher zur Widersetzlichkeit anregen.

Guérinières Bemerkungen über den Stoßzügel sprechen für viele:

Einige Reiter behaupten, daß man durch den Gebrauch dieses Werkzeugs das in die Hand stoßen und Kopfschlagen eines Pferdes verhüten könnte. Es ist aber ein großer Irrthum, denn anstatt diesen Fehler zu verbessern, bestärkt man die Pferde darin, und man sollte diese Erfindung von guten Reitbahnen verbannen.[21]

Hände weg von Hilfszügeln!

Steigen

Die Hauptursache des Steigens liegt in einer zu harten Reiterhand, oft in Kombination mit allgemein schlechtem Sitz und Hilfszügelkonstruktionen, mit denen versucht wird, die langwierige Ausbildung und Gymnastizierung des Pferdes zu verkürzen. Auch eine verfrühte Umstellung von der Trense auf Kandare oder Stange sowie die Vorstellung, seinen starken Vorwärtsdrang (oder sein Angsttemperament) mittels einer mechanischen Hackamore kontrollieren zu können, kann ein Pferd

[21] Guérinière: Reitkunst oder gründliche Anweisung (Reprint 1989), S. 116/7.

zum Steiger werden lassen. Mitunter hilft allein der Verzicht auf so falsche Behandlung, das Pferd zu korrigieren. Hat sich die Verhaltensweise »Steigen« aber schon von der »Verzweiflungstat« zur strategisch eingesetzten Widersetzlichkeit gemausert, so hilft die folgende Maßnahme:

Der Reiter – selbstverständlich jemand mit sicherem, zügelunabhängigen Sitz – geht in der Bewegung mit dem Steiger mit und übt mit der Zügelhand auf der harten Seite des Pferdes dicht hinter dem Genick starken Druck nach unten aus. Der Zügel auf der weichen Seite wird derweil verkürzt, damit das Pferd den Hals wendet. Das geschieht aber auf keinen Fall ruckartig, sonst besteht die Gefahr, daß das Pferd hinfällt. Kommt das Pferd nun herunter, verstärkt man sofort den einseitigen Zügelzug bis zur starken Biegung des Halses und läßt das Pferd die Mühle ausführen.

Solche Korrekturmaßnahmen werden immer nur auf Trense (oder allenfalls mit einer gebißlosen Zäumung ohne Anzüge) durchgeführt. Durch Zug an der Kandare oder Stange verstärkt der Druck der Kinnkette die Neigung zum Steigen, und die Gefahr des Sich-Überschlagens wächst.

Zurücktreten als Widersetzlichkeit

Wenn sie den Hof nicht verlassen oder einen bestimmten Weg nicht einschlagen wollen, reagieren viele Pferde mit Rückwärtsgehen. Dies korrigiert man, indem man ihrem Willen scheinbar nachgibt und sie deutlich und immer schneller rückwärtstreibt. Irgendwann wird das Pferd dann von selbst das Angebot machen, wieder vorwärtszugehen, oder es wird stehenbleiben und jede Bewegung verweigern. In diesem Fall tritt wieder die Mühle in Aktion, eventuell verschärft durch Sporen oder Gertenhilfe. Macht das Pferd erste Anzeichen nachzugeben, wird es sofort gestreichelt und gelobt. Es ist dringend notwendig, bei der gesamten Streiterei nicht in Zorn zu geraten.

Tierquälerei bei Steigern ⚠

Tierquälerei und obendrein lebensgefährlich sind praktisch alle Versuche, Steiger dadurch zu korrigieren, daß man ihnen irgend etwas auf den Kopf schlägt. Von der Gerte bis zu »phantasievolleren« Lösungen wie dem Zerschlagen einer mit Wasser gefüllten Flasche auf dem Pferdekopf ist hier schon alles ausprobiert worden. Meist sind die Urheber solcher Ideen gerade jene, deren schwache Reitkünste das Pferd überhaupt erst zum Steigen gebracht haben. Meiden Sie die Ratschläge solcher »Experten«!

Strafen

Zur Bestrafung widersetzlicher Pferde sagt de la Guérinière:
Man muß die Natur eines Pferdes gut kennen, wenn man von den Strafen einen guten Gebrauch machen will. Sie müssen der Größe des begangenen Fehlers, und der Art, wie es sie annimmt, angemessen werden, um damit fortzufahren, sie zu verstärken oder zu verringern, oder nach seiner Anlage und Stärke ganz aufzuhören. Die Fehler, welche ein Pferd begeht, muß man nicht alle für Laster halten, denn größtenteils entstehen sie aus Unwissenheit, und öfters aus Schwäche.[22]

22 Guérinière: Reitkunst oder gründliche Anweisung (Reprint 1989), S. 169.

»Kämpfe« mit solchen Pferden können unter Umständen lange dauern, aber oft ist die Unart schon nach dem ersten Mal für immer korrigiert.

Versüßte Arbeit

Wenn ein Pferd das Maul nicht öffnet oder sich dem Aufzäumen durch Hochwerfen des Kopfes entzieht, kann es helfen, das Mundstück zuvor in Honig zu tauchen. Auch Anfeuchten und in Zucker tauchen ist eine Möglichkeit. Das alles hilft aber nichts, wenn das Pferd anschließend wieder die harte Hand eines schlechten Reiters erdulden muß. Prüfen Sie also zunächst Ihre Zügelführung, bevor Sie das Pferd als Spielverderber beschimpfen.

So nehmen auch »trensensaure« Pferde das Mundstück gern.

Sattelzwang

Sattelzwang beruht entweder auf angeborener Rückenempfindlichkeit des Pferdes oder darauf, daß man der Sattelgewöhnung beim Anreiten der jungen Pferde zuwenig Beachtung geschenkt hat. In beiden Fällen bewirkt eine regelmäßige Rückenmassage, evtl. durch ein mit warmem Wasser angefeuchtetes Tuch hindurch, Entspannung. Trotzdem fallen Sattelzwang-Pferde immer mal wieder in alte Gewohnheiten zurück, z.B. wenn sie lange nicht geritten wurden oder wenn sie sich über irgend etwas aufregen.

Versuchen Sie es deshalb neben den Massagen mit folgender Methode des alten Stallmeisters: Legen Sie den Sattel etwa eine Viertelstunde vor dem Reiten auf, gurten Sie locker, und lassen Sie das Pferd zehn Minuten stehen. Danach werden die Gurte sehr fest angezogen, und Sie führen das Pferd etwa fünf Minuten ohne Reiter. Bevor Sie dann aufsteigen, lockern Sie den Gurt um ein Loch. In der Regel wird sich das Pferd dann gut besteigen und ruhig anreiten lassen. Zeigt es doch noch Nervosität, sollten Sie die ersten hundert Meter im leichten Sitz reiten und dann erst Ihr ganzes Gewicht in den Sattel bringen. Daß ein Pferd mit Sattelzwang nicht von unsicheren Reitern geritten wird, die erst Stunden brauchen, um sich hin-

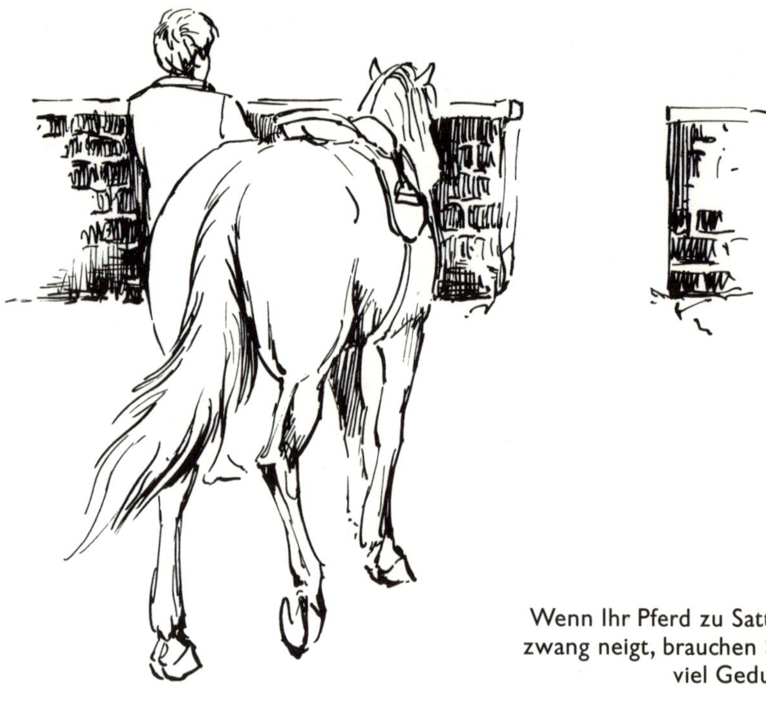

Wenn Ihr Pferd zu Sattelzwang neigt, brauchen Sie viel Geduld.

Nicht zu lange longieren!
Handpferdereiten – die gute Alternative

aufzuhangeln, und dann wie ein Mehlsack in den Sattel fallen, sollte selbstverständlich sein.

Longieren

Longieren ist zwar eine gute Gehorsamkeitsübung, belastet die Pferdebeine aber stark. Es ist also nicht sehr sinnvoll, ein Pferd regelmäßig an der Longe zu bewegen. Viel besser und abwechslungsreicher für Pferd und Reiter ist es, das Pferd als Handpferd mit auf einen Ausritt zu nehmen.

Zu Zeiten des alten Stallmeisters war diese Art, das Pferd ohne Reiter zu bewegen, gang und gäbe. Bei der Kavallerie gehörte sie zur Routine der Arbeit mit Remonten. Auch die ersten Schritte als Reitpferd machten die jungen Pferde damals am Führstrick neben einem erfahrenen Artgenossen.

Selbstverständlich müssen Handpferd und Führpferd für ihre Aufgabe geschult werden. Nur selten steht ein modernes Reitpferd so gut an den Hilfen wie ein Kavalleriepferd. Die meisten nehmen sich unbekannten Handpferden gegenüber Frechheiten heraus. Es ist deshalb von Vorteil, wenn Reitpferd und Handpferd sich kennen, also immer oder doch häufig miteinander den Auslauf teilen. Beide Pferde sollten sich nicht vor der Gerte fürchten, denn gewöhnlich nimmt man sie beim Handpferdereiten mit. Sie ermöglicht es, ohne Ziehen am Halfter oder an der Trense das Handpferd heranzuholen.

Zungenstrecker

Zungenstrecker ließ der alte Stallmeister mit Gebiß im Maul fressen. Das geht nämlich nur, wenn das Pferd die Zunge unter dem Gebiß läßt. So wird der Zungenstrecker an die korrekte Zungenhaltung gewöhnt, und das Futter macht ihm das ungeliebte Gebiß obendrein »schmackhaft«.

Blick nach vorn

Bei Reitschülern, die den Blick beim Reiten permanent gesenkt halten, hilft ein einfacher Trick mehr als viel Reitlehrergeschrei. Der alte Stallmeister zog ihnen die Reitkappe so tief nach vorn, daß sie den Kopf zum Sehen heben mußten.

Dumme Sprüche ... und wie ein Meister der Reitkunst sie kommentierte:

»Man soll einem Pferd niemals seinen Willen tun!«

Wer diese Regel erfand, war vielleicht ein energischer Tyrann, aber sicherlich kein besonderer Reiter. Man darf allerdings dem Pferde nicht dann nachgeben, wenn sein Wille dem des Reiters bei einer von ihm zu erlernenden Leistung widerspricht. Aber ein anderes ist es, wenn es im Übereifer etwa dem Willen des Reiters zuvorzukommen strebt, z. B. schon im richtigen Galopp anspringt, während es erst in »Galoppstellung« noch in abgekürztem Tempo gehen soll! Da wäre es doch fehlerhaft, nicht schon das verfrühte Anspringen zur Arbeit im Galopp zu benutzen. In solcher Benutzung aus halben Widerständen hervorgegangener Angebote sind die Tricks und die »Routine« begründet, welche besonders im Korrigieren geübten Stallmeistern und Bereitern ihren Ruf verschaffen! Oder – das sonst so gehorsame Tier will absolut nicht vorwärts in tiefdunkler Nacht, es weiß am besten, warum! Man folge ihm, wenn man klug ist ...

Mir hat ein Pferd noch niemals etwas zuliebe getan!«

Dieses oft zitierte Wort des Herzogs von Newcastle zeigt denselben als einen richtigen Vorgänger der heutigen ... strammen Gewaltdressierer der stummen, aber keineswegs dummen, edlen Kreatur.

Mir haben alle Pferde, die ich auch nur einige Monate geritten, viel zuliebe getan![23]

23 Spohr: Die Logik der Reitkunst (Reprint 1979), Teil 3, S. 156ff.

Wenn der Schnee pappt

Bei der Kavallerie verhinderte man das Pappen von Schnee in beschlagenen Pferdehufen mittels eines Strohpolsters. Dazu flocht man Strohbänder und nähte sie zu einer Einlegesohle zusammen. Diese wurde entweder einfach zwischen die Eisenschenkel geklemmt oder mittels zweier gekreuzter Stahlbänder fixiert. Man schob sie vorn zwischen Stroh und Eisen und befestigte sie hinten mit Hilfe der Schraubstollen.

Modernere Pferdebesitzer lösen das Problem mit Kunststoffscheiben. Sie werden z.B. aus alten Eimerdeckeln ausgeschnitten und zwischen Eisen und Hufsohle geklemmt. Wenn man sie in der Mitte einschneidet, so daß es möglich bleibt, den Huf zu reinigen, kann man sie auch mit aufnageln lassen.

Bei Pulverschnee genügt oft auch ein Einreiben der Hufunterseite mit Schmierseife, und auch der Beschlag der Pferde mit speziellen Profileisen hat sich bewährt.

Reitausrüstung – Auswahl und Pflege

Sattelzeug gründlich reinigen

Die meisten Leute sparen beim Sattelreinigen mit Wasser, haben sie doch die Erfahrung gemacht, daß Sattelzeug durch gelegentliches Reiten im Regen hart wird. Das passiert bei der Reinigung jedoch nicht, denn dabei verwendet man ja entsprechende Pflegemittel.

Schnallen Sie zum Reinigen des Lederzeugs zunächst alle Kopfstücke und Zügel auseinander, und geben Sie alles in einen Eimer mit lauwarmem Wasser, dem Sie vorher einen Schuß Salmiakgeist zugefügt haben. Der Salmiak löst den angetrockneten Pferdeschweiß.

Nun waschen Sie die Einzelteile mit einem Schwamm gut ab – bei sehr verschmutztem Geschirr können Sie etwas Sattelseife zu Hilfe nehmen. Auch der Sattel wird mit Wasser und Sattelseife abgeschwammt. Anschließend wird das Leder mit einem Lappen abgewischt und an der Luft getrocknet. Auf keinen Fall trocknet man Lederzeug an der Heizung oder in der Sonne!

Nach dem Trocknen wird das Leder mit speziellen Ölen oder Fetten eingefettet. Es müssen säurefreie, tierische Fette sein. Pflanzliche Fette verharzen und machen das Leder brüchig. Das ideale Lederöl ist Nerzöl. Ist man viel im Regen geritten und hat das Gefühl, die Zügel würden gar nicht mehr weich, so kann man sie auch mal über Nacht in Lederöl einlegen. Speziell gegen brüchiges Leder hilft auch mehrmaliges Einfetten mit Ballistol-Öl.

Das überflüssige Fett wird dann mit einem Wollappen abgewischt.

Grundreinigung für Wildleder

Die Wildlederteile am Sattel säubert man am besten mit Waschbenzin. Nimmt man einfach Sattelseife, werden sie speckig und verlieren ihre haltgebende Wirkung. Beim Fetten des Sattels spart man sie selbstverständlich aus und behandelt auch die angrenzenden Teile nur bis auf Fingerbreite an das Wildleder heran.

Speckige Wildlederteile

Wenn Wildlederteile speckig sind, kann man dem mit einer aufwendigen, aber wirksamen Reinigungsprozedur abhelfen. Füllen Sie eine halbe Tasse Schlämmkreide mit Waschbenzin auf, und verrühren Sie das Ganze zu einem Brei. Den streichen Sie messerrückendick auf die Wildlederteile und lassen ihn antrocknen. Dann die Kreide abbürsten und das saubere Leder mit feinem Sandpapier vorsichtig anschmirgeln.

Metallteile

Sehr verschmutzte Gebisse und andere Metallteile werden wieder sauber, wenn man sie in Essigreiniger einweicht.

Reinigung von Schnurgurten

Durch den Zusatz von Essig ins Waschwasser bleiben Sattelgurte weich und flexibel. Sehr bewährt haben sich allerdings auch Gurtschoner aus Fell oder Kunstfell. Sie halten den Gurt länger sauber und verhindern, daß sich beim Reiten Schmutz im Schnurgurt festsetzt und dann Scheuerstellen verursacht. Außerdem können sie schnell gewechselt und ausgewaschen werden, so daß man das Pferd am Tag nach einem Ritt im Regen nicht mit einem noch nassen, klammen oder gar schmutzverkrusteten Schnurgurt belästigen muß.

Lederzeug richtig aufbewahren

Optimal zur Unterbringung von Sattelzeug ist ein kühler, belüftbarer Raum mit schwacher Heizquelle. Leider gibt es so etwas in modernen Ställen kaum noch. Viele Reiter neh-

Alte Sprüche zur Auswahl des passenden Pferdes

Wähl den Rappen, willst du Feuer,
Falben gut, sind nie zu teuer,
Schimmel oftmals träg geboren,
Füchse haben's hintern Ohren
Braune, leuchten sie auch wenig,
sind verläßlich, drahtig, sehnig.

Dem entgegen setzt ein anderer alter Stallmeister:
Ein gutes Pferd hat keine Farbe!

Neben Farbe und Abzeichen wurden auch Anzahl und Form der Haarwirbel am Kopf und am Körper in verschiedenen Ländern als Beurteilungsgrundlagen herangezogen. Ein langgezogener Wirbel am Hals z. B. soll nach isländischer und indianischer Überlieferung ein Zeichen für gute »Wasserpferde«, also sichere Schwimmer sein.

Einen kurzen Wirbel an gleicher Stelle deuten die Araber als »Daumenabdruck des Propheten« und damit als Glücksbringer.

men ihren Sattel deshalb mit nach Hause und bewahren ihn im Keller oder Hausflur auf, manche sogar in der Wohnung. Für das Leder ist das sicher hervorragend, aber mit der Gewöhnung an den Geruch des trocknenden Sattels haben besonders Nichtreiter mitunter Schwierigkeiten.

Wenn ein Sattel längere Zeit ungebraucht aufbewahrt werden soll, wird er zunächst gereinigt und dann mit einer dünnen Schicht Vaseline überzogen. Um ihn vor Staub zu schützen, deckt man ihn ab.

Drückende Reitstiefel

Wenn Reitstiefel drücken, betupft man sie an den entsprechenden Stellen mit Aceton, dem man wenige Tropfen Rizinus- oder Lederöl zugesetzt hat. Dabei muß man den Stiefel am Fuß haben und die drückende Stelle bewegen.

Geschmeidige Reithose

Das Leder an Reithosen bleibt geschmeidig, wenn man es nach dem Waschen mit Hautcreme einreibt.

Kein Eis ins Maul!

Verständlicherweise hassen es Pferde, wenn man ihnen an kalten Wintertagen eiskalte Metallgebisse ins Maul schiebt. Man kann das vermeiden, indem man die Kopfstücke entweder zu Hause in geheizten Räumen aufbewahrt oder die Mundstücke vor dem Aufzäumen kurz in warmes Wasser hält.

Viele Freizeitreiter umgehen das

Eiskalte Metallgebisse sind Pferden ein Greuel.

Problem auch, indem sie ihre Pferde rechtzeitig an Gummitrensen oder gebißlose Zäumungen gewöhnen. Die Zügelführung ist damit zwar nicht so präzise wie mit Stangen- oder Trensenzäumungen, aber die leichten Zäumungen schützen die Pferde andererseits auch vor ungeschicktem Zügelhantieren mit klammen, behandschuhten Händen.

Kandare mit Pfiff

Manche Pferde sind wahre Maulartisten, wenn es darum geht, die Anzüge ihrer Kandare oder ihrer Westernstange mit Lippen oder Zähnen zu umfassen und festzuhalten. Man überlistet sie durch die Verwendung einer sog. S-Kandare, die man zusätzlich durch ein Lederbändchen zwischen dazu angebrachten Ösen sichern kann. Ihre geschwungene Form verhindert den geschickten Übergriff. Bei Westernpferden erfüllt die S-Stange oder die 7-Stange denselben Zweck. Bei letzterer haben die Anzüge die Form einer Sieben, und auch die geschicktesten Cow-Ponys bleiben erfolglos.

Paßt das Halfter?

Wenn Pferde viel Winterfell entwickeln, sollte man kontrollieren, ob man Trensenverschnallung und Halfter nicht der neuen Lage anpassen muß. Besonders Stallhalfter, die im Sommer genau passen, sind dem winterlichen »Pelztier« oft zu eng.

Schutz vor Druck

Bei Pferden, die zu Sattel- oder Gurtdruck neigen, empfiehlt sich eine Satteldecke und/oder ein Gurtschoner aus Schaffell.

Zur Vorbeugung gegen Satteldruck gehört neben Sauberkeit und Auswahl des passenden Sattelzeugs auch seine immer richtige Lage. Das ist besonders bei jungen und übergewichtigen Pferden ein Problem. Besser, als einen Druck zu riskieren, sichert man in diesem Fall die Lage des Sattels mittels Vorderzeug oder Schweifriemen. Bei der Kavallerie verwandte man statt Schweifriemen auch Vorgurte. Sie sind heute durch die Islandpferde-Turnierreiterei wieder in Mode gekommen.

Vorsicht mit Schaumstoff!

Ein altes Rezept rät, bei Satteldruck eine Schaumstoffunterlage unter den Sattel zu legen, in die man ein Loch in der Größe der Druckstellen schneidet. Aber erstens verrutscht das Ding fast immer, so daß kein wirklicher Schutz besteht, und zweitens ist Schaumstoff nicht atmungsaktiv, sorgt also für Stauwärme auf dem Pferderücken und begünstigt damit neue Druckstellen.

Satteldecken

Bei rückenempfindlichen Pferden ist der gute, alte Woilach nach wie vor die beste Sattelunterlage. Der Woilach ist eine große Wolldecke, die, so sie richtig gefaltet ist, in zwölf Schichten zwischen Sattel und Pferd liegt. Sie wird zunächst in der Mitte gefaltet, danach wie die Zeichnungen zeigen.

Wenn ein Pferd zu abgebrochenen Haarspitzen neigt, was meist zu Zeiten des Fellwechsels der Fall ist, tut ein Rehfell als Sattelunterlage wahre Wunder. Die Felle sind allerdings zu klein, um als alleinige Satteldecke Verwendung zu finden. Man legt sie folglich unter die sonst benutzte Decke.

Weiterhin ist beim Gebrauch von Rehfellen zu beachten, daß sie schnell scheuern, wenn sie schweißverklebt sind. Sie müssen deshalb häufig gewaschen und anschließend wieder weichgeknetet werden.

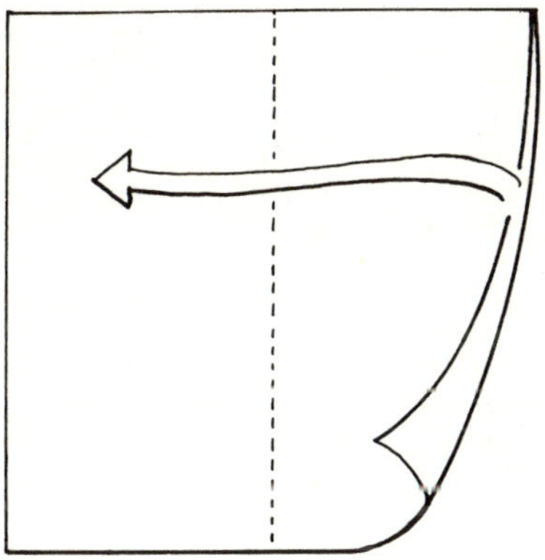

So wird ein Woilach als Sattelunterlage richtig gefaltet.

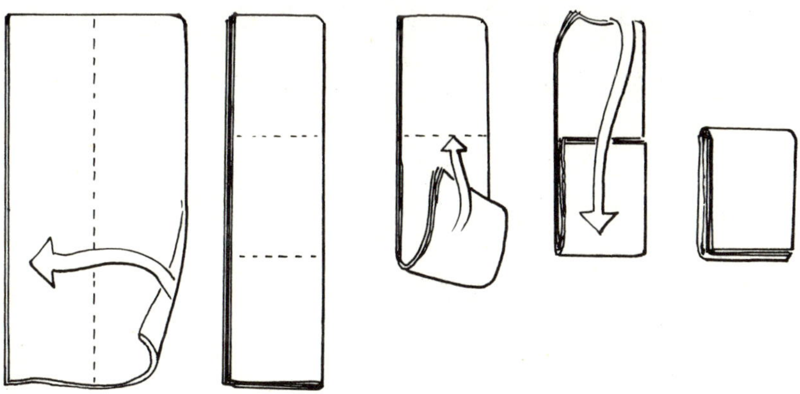

Anhang

Bibliographie

BLAKE, HENRY: Versteh Dein Pferd, Zürich 1975

BRUNS, SUSANNE: Was Großvater noch wußte II, Stuttgart 1992

EIS, GERHARD: Meister Albrants Roßarzneibuch (Reprint Hildesheim 1985)

FERENCZI, SANDOR: Zähmung eines wilden Pferdes. Wiener Zentralblatt für Psychoanalyse, 3. Jahrg., 1913, S. 83–86

Freizeit im Sattel, Fachzeitschrift, Bonn 1972 ff., darin besonders die Artikel von Johannes Brandt, Agnes Issenmann und Hartmut Hartig

GRONE, JUTTA V.: Die Pferdeweide, Zürich 1977

GUÉRINIÈRE, FRANÇOIS ROBICHON DE LA: Reitkunst oder gründliche Anweisung (Reprint Hildesheim 1989)

KRANE, FR. V.: Anleitung zur Ausbildung der Kavallerie-Remonten (Reprint Hildesheim 1983)

SPOHR, PETER V.: Die Bein- und Hufleiden der Pferde (Reprint Stuttgart 1980)

SPOHR, PETER V.: Die Influenza der Pferde, Hannover 1889

SPOHR, PETER V.: Die inneren Krankheiten der Pferde, Hannover 1904

SPOHR, PETER V.: Die Kolik der Pferde, Hannover 1889

SPOHR, PETER V.: Die Logik in der Reitkunst, Teil 1–4, 1. Bd. Documenta Hippologica (Reprint Stuttgart 1979)

SPOHR, PETER V.: Die naturgemäße Gesundheitspflege der Pferde, Hannover 1886

TREBEN, MARIA: Gesundheit aus der Apotheke Gottes, Steyr 1982

WIESNER, JOSEPH: Fahren und Reiten in Alteuropa und im alten Orient, Hildesheim 1971

WRANGEL, CARL GUSTAV: Das Buch vom Pferde (Reprint Stuttgart 1983)

Heilkräutermischungen bei:

Gebr. Schaettle KG
Postfach 1308
88339 Bad Waldsee/Württ.

Hans Schäfer
Biologische Futtermittel und
Heilkräuter-Präparate
Espaer Str. 12 (Hof Jagdhaus)
35428 Langgöns/Cleeberg

Kräuterwiese Wichert
Kräuterspezialitäten für Tiere
Fasanenweg 11 a
28816 Stuhr

Register